微生物学实验指导

王冬梅 主编
雒晓芳 杨具田 副主编

科学出版社
北　京

内 容 简 介

本书内容包括基础性实验、综合性实验和应用性实验三部分，共 46 个实验，注重训练学生微生物学实验的基本操作和技能，让学生能应用所学的实验知识解决实际问题，做到学以致用，融会贯通，提升学生的实验操作能力和综合素质。

本书既可作为高等院校微生物学实验课教材，也可作为从事微生物相关工作的人员的实验参考书和工具书。

图书在版编目（CIP）数据

微生物学实验指导 / 王冬梅主编. —北京：科学出版社，2017.9
ISBN 978-7-03-054314-1

Ⅰ. ①微… Ⅱ. ①王… Ⅲ. ①微生物学-实验 Ⅳ. ①Q93-33

中国版本图书馆 CIP 数据核字（2017）第 211864 号

责任编辑：席 慧 刘 丹 赵晓静 / 责任校对：杜子昂
责任印制：吴兆东 / 封面设计：明轩堂

科学出版社 出版
北京东黄城根北街 16 号
邮政编码：100717
http://www.sciencep.com

北京中石油彩色印刷有限责任公司 印刷
科学出版社发行 各地新华书店经销

*

2017 年 9 月第 一 版　开本：720×1000　1/16
2018 年 4 月第二次印刷　印张：13 1/4
字数：255 000
定价：39.00 元
（如有印装质量问题，我社负责调换）

前　　言

微生物学是一门实践性和应用性很强的学科，微生物学实验是现代生物技术的重要基础，在生物、环境、食品及医学等领域的生产研究中广泛应用。微生物学实验课是培养学生的实验技能、独立工作能力和综合素质的重要环节，实验教材是指导学生上好实验课的重要工具。

为适应高等院校多专业微生物实验教学的特点，在学习兄弟院校大量实验教材，总结我校（西北民族大学）长期实践教学经验的基础上，我们编写了这本《微生物学实验指导》。全书分为基础性实验、综合性实验和应用性实验三部分，共46个实验。本书突出实验的可操作性和实用性，简明扼要，每个实验项目基本按照实验目的、实验原理、实验器材、实验步骤、注意事项、实验结果和思考题7部分编写。

微生物学基本实验技能的训练是实验教学的重要任务，本书涵盖了微生物学各分支学科的实验技术。在基础性实验中，突出了对学生基本实验技能的训练，如无菌操作、染色、显微观察及微生物的分离纯培养等技术；适当充实了新内容，如显微镜技术中增加了相差显微镜和电子显微镜的使用等实验。结合不同专业的教学要求和实际生产应用需要，在综合性实验部分安排了化能异养微生物的分离与纯化、突变株的选育、Ames实验等实验；在应用性实验中增加了食品及饮用水的卫生检查、诱变剂对微生物产生酶的诱变效应、固定化活细胞发酵、自控发酵罐的使用等实验内容。微生物学实验中的一些最基本操作技术，在教材后两部分中有重复，旨在强化实验技能的训练，让学生能应用所学的实验知识来解决实际问题，做到学以致用，融会贯通，培养学生独立思考和解决问题的能力，同时提高其综合素质，为进一步从事相关工作打下基础。

教材后有参考文献和附录。附录中除有微生物学实验常用培养基、染液、试剂、缓冲液等的配制外，还增加了实验室意外事故的处理、教学常用菌种名称介绍等内容。

本书由王冬梅担任主编，雒晓芳和杨具田担任副主编。具体编写分工如下：雒晓芳编写第一部分的实验12、实验13、实验19～实验25，第二部分的实验28、实验29和实验35，第三部分的实验36、实验37、实验38、实验39、实验45和实验46；杨具田编写第一部分的实验14～实验18，第二部分的实验26和实验27；王冬梅编写教材中的其他内容，并负责全书的布局、统稿和定稿。西北民族大学生命科学与工程学院的臧荣鑫、刘翊中、李琼毅、周雪雁、徐继英、蔺国珍、马晓霞、冯玉萍，实验中心的陈丽华、程燕、吴慧昊，医学院的赵晋、胜利、董开忠，化工学院的王喆、杨小军，以及学校教务处，对本书的编写和出版给予了极大支持，在此表示衷心的感谢！

　　本书可作为高等院校本科生的微生物学实验课教材，也可作为生命科学、医学、环境工程等专业从事微生物相关工作的人员的实验参考书和工具书。

　　由于编者水平和学识有限，书中不足之处在所难免，真诚希望读者批评指正，以便及时予以修正和补充。

编　者

2017 年 5 月

微生物学实验室规则

微生物学实验室是一个严肃的实验场所，虽然普通微生物学实验所用的微生物材料一般为非致病菌或条件致病菌，但许多微生物是否具有致病性不是绝对的，与其数量、条件、感染途径等有关，在实验操作中必须将所有的微生物培养物都看成是具有潜在致病性的。因此，要求进入实验室后必须严格遵守以下实验室规则。

1. 进入实验室必须穿工作服，离室时脱下，反折放回原处。无菌操作时必须戴好口罩，并不得打开电风扇。留长发者，必须将长发挽在背后。非实验室人员不得进入实验室。

2. 实验室内禁止吸烟、饮食和会客，不得高声谈笑或随意走动。不必要的物品和书包不得带入实验室；实验台上除了记录本和笔（记录笔和记号笔）以外，不准放置任何个人物品。

3. 实验室中的菌种和物品等，未经教师许可，不得携出室外。实验室物品应按指定地点合理摆放。须送培养箱培养的物品，应做好标记后送到指定地点进行培养。用过的器材必须放入消毒缸内，禁止随意放于桌上及水槽中。凡废弃的有菌培养物及染菌带毒物品，都要放入指定的污物桶内，不得随意丢弃，应送消毒室，先进行高压灭菌后才能进一步处理。

4. 实验过程中，切勿使乙醇（酒精）、乙醚、丙酮等易燃药品接近火焰。如遇火险，应先灭掉火源，再用湿布或沙土掩盖灭火。必要时用灭火器。

5. 进行高压灭菌、干热灭菌、干燥、冷冻离心等工作时，应严格遵守操作规程，工作人员不得擅自离开现场，要认真观察，确保安全无异常后方可离开。

6. 实验过程中发生差错或意外事故时，禁止隐瞒或自作主张不按规定处理，应立即报告教师进行正确的处理。如有传染性的材料污染桌面、地面等，应立即用3%来苏水或5%苯酚溶液浸泡覆盖污染部位半小时后方可抹去。如为芽孢杆菌，应适当延长消毒时间。如手上沾有活菌，也应用上述消毒液浸泡10min左右，再用肥皂洗手，并用自来水反复冲洗。

7. 使用显微镜及其他贵重仪器时要按要求操作，按时做好使用记录，对仪器定期检查、保养、检修。严禁在冰箱内存放和加工私人食品。室内仪器设备，严格按操作规则使用。

注意节约水电，节约各种实验材料，应建立领取消耗记录，破损遗失应主动报告教师进行处理。

8. 实验操作要细心谨慎，认真进行观察，及时做好实验记录，以实事求是的态度完成实验报告。

9. 实验完毕，应将仪器清洁并放回原处，整理和清扫实验台面和实验室。离开实验室前注意关闭门窗、灯、火、煤气等，并用肥皂洗手。工作服应经常清洗，保持整洁，必要时高压消毒。

10. 实验室工作人员每日下班前，尤其节假日前，应认真检查水、电和正在使用的仪器设备，关好门窗。

目 录

前言
微生物学实验室规则

第一部分 基础性实验

第一章 显微镜技术 ·· 1

实验 1　普通光学显微镜 ··· 1
实验 2　荧光显微镜 ·· 9
实验 3　暗视野显微镜 ·· 11
实验 4　相差显微镜 ··· 13
实验 5　电子显微镜 ··· 16

第二章 微生物的染色技术与形态结构观察 ··· 22

实验 6　细菌的简单染色和革兰氏染色 ·· 22
实验 7　细菌的芽孢、荚膜及鞭毛染色 ·· 25
实验 8　放线菌的形态和结构 ·· 29
实验 9　酵母菌的形态观察 ··· 31
实验 10　霉菌的形态观察 ·· 34
实验 11　微生物大小的测定 ··· 38

第三章 微生物的纯培养技术 ··· 42

实验 12　培养基的配制 ··· 42
实验 13　消毒与灭菌 ·· 48
实验 14　微生物的分离纯化与接种技术 ·· 55
实验 15　微生物的培养特征 ··· 61
实验 16　厌氧微生物的培养 ··· 63
实验 17　菌种保藏技术 ··· 66
实验 18　噬菌体的分离纯化与效价测定 ·· 72

第四章 微生物生长的测定 ·· 78

实验 19　显微计数法 ·· 78
实验 20　平板菌落计数法 ·· 81

实验 21　MPN 法测定活性污泥中的硝化细菌数 ·································· 85
　　实验 22　比浊法测定大肠杆菌的生长曲线 ·· 89

第五章　微生物的生理生化反应 ··· 92

　　实验 23　大分子物质的水解实验 ··· 92
　　实验 24　糖发酵试验 ·· 97
　　实验 25　IMViC 与硫化氢试验 ·· 100

第二部分　综合性实验

　　实验 26　空气/实验台/门把手微生物的检测 ·· 104
　　实验 27　人体表面微生物的检测 ·· 106
　　实验 28　环境因素对微生物生长的影响 ·· 108
　　实验 29　生长谱法测定微生物的营养需求 ·· 111
　　实验 30　化能异养微生物的分离与纯化 ·· 114
　　实验 31　产氨基酸抗反馈调节突变株的选育 ······································ 121
　　实验 32　抗噬菌体菌株的选育 ·· 124
　　实验 33　酵母菌营养缺陷型的筛选 ·· 127
　　实验 34　Ames 实验检测诱变剂和致癌剂 ·· 131
　　实验 35　固定化活细胞的制备及发酵实验 ·· 137

第三部分　应用性实验

　　实验 36　水中细菌总数的测定 ·· 141
　　实验 37　水中总大肠菌群的测定 ·· 145
　　实验 38　乳酸菌的分离与酸奶的制作 ·· 150
　　实验 39　毛霉的分离和豆腐乳的制备 ·· 154
　　实验 40　紫外线对枯草芽孢杆菌产淀粉酶的诱变效应 ······················ 156
　　实验 41　硫酸二乙酯对枯草芽孢杆菌产生蛋白酶的诱变效应 ·········· 159
　　实验 42　抗生素抗菌谱及抗菌的抗药性测定 ······································ 163
　　实验 43　酚降解菌的分离与纯化及高效菌株的选育 ·························· 165
　　实验 44　土壤中产脂肪酶菌株的分离纯化及高产菌株的选育 ·········· 168
　　实验 45　活性污泥脱氢酶活性的测定 ·· 172
　　实验 46　自控发酵罐的原理和使用 ·· 175

主要参考文献 ·· 181

附录 ·· 182

    附录 1　实验室意外事故的处理 ·· 182

    附录 2　常用器皿的清洗与处理 ·· 183

    附录 3　常用培养基的配制 ·· 184

    附录 4　实验室常用染液的配制 ·· 188

    附录 5　常用试剂、消毒剂和缓冲液的配制 ··· 191

    附录 6　教学常用菌种名称 ·· 200

第一部分　基础性实验

第一章　显微镜技术

实验 1　普通光学显微镜

一、实验目的

1. 了解普通光学显微镜的结构、维护和保养方法。
2. 学习并掌握普通光学显微镜的基本原理和正确使用方法。
3. 掌握利用显微镜观察不同微生物的基本技能。

二、实验原理

1. 显微镜的构造及原理

光学显微镜由机械装置和光学系统两大部分组成（图1-1）。显微镜的机械装置包括镜座、镜筒、物镜转换器、载物台、推进器、粗调节器、细调节器等部件。

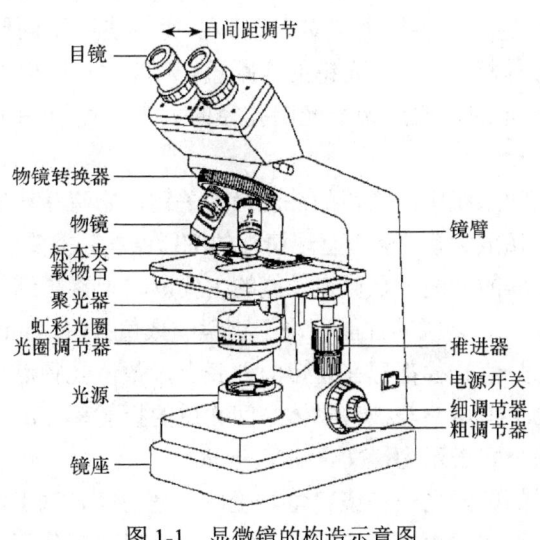

图1-1　显微镜的构造示意图

镜座是显微镜的基座，支撑整个显微镜，装有照明光源。镜臂用以支撑镜筒和载物台，分固定、可倾斜两种。镜筒是连接目镜和物镜的金属筒，上端放置目镜，下端连接物镜转换器，分为固定式（机械筒长不能变更）和可调节式两种。

物镜转换器固定在镜筒下端，有4~6个物镜螺旋口，物镜应按放大倍数排列。旋转物镜转换器时，应用手指捏住旋转碟进行旋转，不要用手指推动物镜，因为这样操作容易使光轴歪斜，使成像质量变差。

调焦装置：在镜臂两侧装有使载物台或镜筒上下移动的调焦装置——粗调节器、细调（微调）节器。使用低倍物镜时仅用粗调节器便可获得清晰的物像。使用高倍物镜和油镜时，先用粗调节器找到物像，再用微调节器调节焦距，才能获得清晰的物像。微调节器每转一圈载物台上升或下降0.1mm，微调节器只在粗调节器找到物像后，使其获得清晰物像时使用。

光学系统主要包括物镜、目镜、聚光器、光源、滤光片和反光镜等。

物镜是显微镜中最重要的部件，由多块透镜组成。根据物镜的放大倍数和使用方法，可将其分为低倍物镜（4×、10×、20×）、高倍物镜（40×、60×）和油镜（90×以上）三类。

目镜一般由两块透镜组成，上面一块为接目透镜，下面一块为场镜/聚透镜，两块透镜中间或场镜的下方有一视场光圈。在进行显微测量时，目镜测微尺便要放在视场光圈上。目镜上标有5×、10×、15×等放大倍数，不同放大倍数的目镜其口径是统一的，可互换使用。目镜的焦距较短，其功能是把物镜放大的像再进行一次放大，成虚像。

聚光镜由多块透镜组成，主要用途是增强光线的聚焦能力，把平行光线聚焦于标本上，增强照明度。聚光镜的焦点必须在正中，使用聚光镜上的调节器可以进行调中。通过转动手轮调节聚光镜，以适应使用不同厚度的载玻片，也能保证焦点落在被检标本上。聚光镜的焦距短，载玻片一般以0.9~1.3mm为宜。聚光镜上附有虹彩光圈，通过调节光圈孔径的大小，可以调节进入物镜光线的强弱。

在显微镜的光学系统中，物镜的性能最为关键，它直接影响着显微镜的分辨率（resolution）。物像放大后，能否呈现清晰的细微结构，主要取决于物镜的性能，其次为目镜和聚光器的性能。显微镜性能的主要影响因素总结如下。

（1）数值孔径　　物镜的性能取决于物镜的数值孔径（numerical aperture，NA），每个物镜的数值孔径都标在物镜的外壳上，数值孔径越大，物镜的性能越好。数值孔径是物镜前透镜与被检物体之间介质的折射率（n）和镜口角（α）半数正弦的乘积，用公式表示为：$NA = n \times \sin \alpha/2$。

影响数值孔径的因素之一是镜口角。镜口角是物镜光轴上的物体点与物镜前透镜的有效直径所形成的角度，它取决于物镜的直径和工作距离，一般来说，在实际应用中，物镜镜口角最大只能达到120°。镜口角越大，进入物镜的光通量就越大，它与物镜的有效直径成正比，与焦点的距离成反比。影响数值孔径的另一个因素是介质折射率（n）。几种介质的折射率（n）：空气为1.0、水为1.33、香柏油为1.515、玻璃为1.52。常用的40×以下的物镜为干燥系物镜，以空气为介质，数值孔径均小于1。

数值孔径与其他技术参数密切相关，它几乎决定和影响着其他各项技术参数。它与分辨率成正比；与放大率（有效放大率）成正比；与焦深成反比；NA值的平方与图像亮度成正比；NA值越大，视场宽度与工作距离都会相应变小。

（2）分辨率　　显微镜的分辨率（resolution）是指分辨物像细微结构的能力。分辨率常用显微镜可分辨的两点间的最小距离（D）来表示。显微镜D值愈小则分辨率愈高。分辨率与其他技术参数有以下关系：$D=Kn/M\text{NA}$（其中K为常数，M为放大率，n为媒质的折射率）。

显微镜的分辨率（D）可以用以下公式表示：

$$D=\frac{\lambda}{2\text{NA}}$$

式中，λ为光源光波的波长，NA为物镜的数值孔径。

提高物镜的分辨率有两条途径：一为缩短光的波长；二为增大物镜的数值孔径，在镜头与玻片之间加入香柏油作为介质，就可使数值孔径增大到1.2～1.4。

（3）焦深　　焦深（depth of focus）为焦点深度的简称，当焦点对准某一物体时，不但位于该点平面上（目的面或焦平面）的每个点都可以看清楚，而且在此平面的上下一定厚度内，也都能看得清楚，这个清楚部分的厚度就是焦深。物镜的焦深和数值孔径及放大率成反比，分辨率高则焦深小。使用显微镜并要求高分辨率观察时，必须使用微调焦装置上下调节，以检测被测物的全景，弥补焦深小的缺陷。

（4）放大率　　显微镜放大物体，首先经过物镜第一次放大成像，再经过目镜在明视距离内第二次放大成像。因此，显微镜的放大倍数等于物镜的放大倍数和目镜放大倍数的乘积。

2. 油镜的使用

油镜（油浸接物镜）对微生物学研究最为重要。油镜的放大倍数可达100×，镜头焦距很短，直径很小，但所需的光照度却很大（图1-2）。与其他物镜相比，油镜的使用方法比较特殊，需要在玻片和镜头之间滴加镜油，这主要有如下两方面的原因。

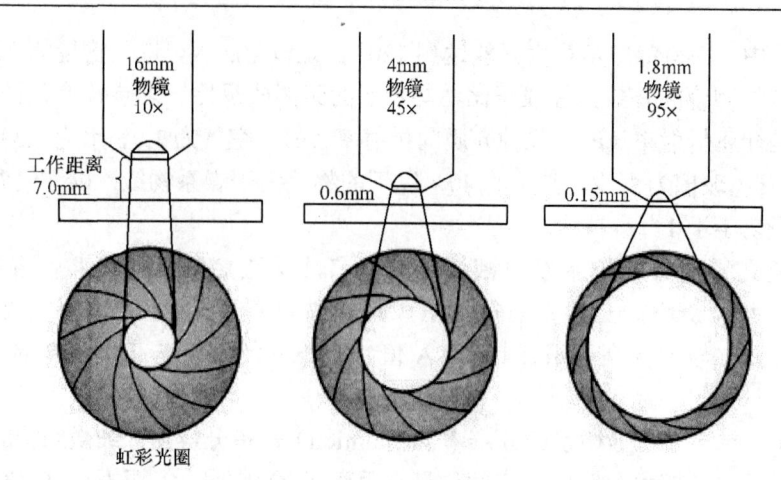

图 1-2　物镜的焦距、工作距离和虹彩光圈的关系示意图

（1）增加照明亮度　　从显微镜的结构看（图 1-3），由于油镜镜面很小，使用时被检视物与镜面又非常靠近（0.14～0.19mm），因此进入镜头的光线较少。

当光线由反光镜通过玻片与镜头之间，玻片与物镜之间的介质为空气（干燥系物镜）时，由于空气与玻片的密度不同，光线受到折射，发生散射现象，结果进入物镜的光线必然减少，这样就降低了视野的照明度。若在油镜与玻片之间加入与玻璃的折射率（n＝1.52）相仿的镜油（通常用香柏油，其折射率 n＝1.515），光线通过玻片后可直接通过香柏油进入物镜而几乎不发生折射（油浸系物镜），使视野光量增加，这样就能使物像更加清晰，见图 1-4。

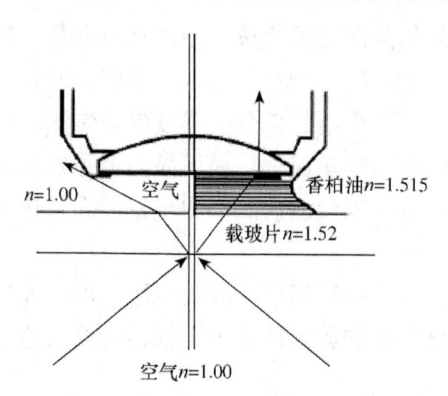

图 1-3　干燥系与油浸系物镜的光线通路 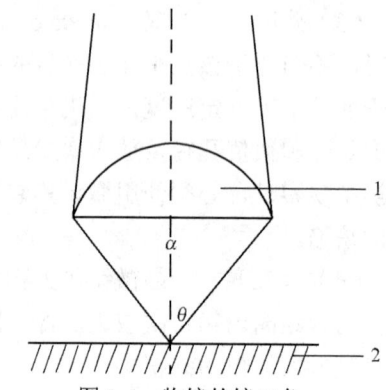　　　图 1-4　物镜的镜口角
　　　　　　　　　　　　　　　　　　　　　　1. 镜头；2. 载玻片

（2）增加显微镜的分辨率　　通过增大物镜的数值孔径来提高物镜的分辨率。

$$数值孔径 NA = n \times \sin \alpha/2$$

$$分辨率 D = \frac{\lambda}{2NA}$$

由于香柏油的折射率（1.515）比空气和水的折射率（分别为 1.0 和 1.33）要

大，因此以香柏油作为镜头与玻片之间的介质所能达到的数值孔径（NA 一般在 1.2~1.4）要大于低倍镜、高倍镜等（NA 都低于 1.0）。

可见光的波长为 0.4~0.7μm，平均波长为 0.55μm，人眼可分辨的两点间最小距离仅为 0.2mm。数值孔径通常在 0.65 左右的高倍镜只能分辨出距离不小于 0.4μm 的物体，油镜的分辨率却可达到 0.2μm 左右。

三、实验器材

（1）菌种　　金黄色葡萄球菌（*Staphylococcus aureus*）、枯草芽孢杆菌（*Bacillus subtilis*）和迂回螺菌（*Spirillum volutans*）等细菌的染色玻片标本，酿酒酵母（*Saccharomyces cerevisiae*）、链霉菌（*Streptomyces* sp.）及青霉（*Penicillium* sp.）的水封片。

（2）仪器及用具　　普通光学显微镜、擦镜纸、载玻片、香柏油、二甲苯等。

四、实验步骤

1. 观察前的准备

1）显微镜的安置：置显微镜于平整的实验台上，镜座距实验台边缘约 10cm。镜检时姿势要端正。

2）光源调节：将聚光器上升到最高位置，同时通过调节安装在镜座内的光源灯的电压获得适当的照明亮度；而使用反光镜采集自然光或灯光作为照明光源时，应根据光源的强度及所用物镜的放大倍数选用凹面反光镜或凸面反光镜并调节其角度，使视野内的光线均匀，亮度适宜。

适当调节聚光器的高度也可改变视野的照明亮度，但一般情况下聚光器在使用中都是调到最高位置。

3）根据使用者的个人情况，调节双筒显微镜的目镜：双筒显微镜的目镜间距可以适当调节，而左目镜上一般还配有屈光度调节环，可以适应眼距不同或双眼视力有差异的观察者。

4）聚光器数值孔径的调节：调节聚光器虹彩光圈与物镜的数值孔径相符或略低。有些显微镜的聚光器只标有最大数值孔径值，而没有具体的光圈数刻度。使用这种显微镜时可在样品聚焦后取下一目镜，从镜筒中一边看着视野，一边缩放光圈，调整光圈的边缘与物镜边缘黑圈相切或略小于其边缘。因为各物镜的数值孔径不同，所以每转换一次物镜都应进行这种调节。

在聚光器的数值孔径确定后，若需改变光照度，可通过升降聚光器或改变光源的亮度来实现，原则上不应再对虹彩光圈进行调节。当然，有关虹彩光圈、聚光器高度及照明光源强度的使用原则也不是固定不变的，只要能获得良好的观察效果，有时也可根据具体情况灵活运用，不一定拘泥不变。

2．显微观察

在目镜保持不变的情况下，使用不同放大倍数的物镜所能达到的分辨率及放大率都是不同的，在显微观察时应根据所观察微生物的大小选用不同的物镜。例如，观察酵母、放线菌、真菌等个体较大的微生物形态时，可选择低倍镜或高倍镜，而观察个体相对较小的细菌或微生物的细胞结构时，则应选用油镜。一般情况下，特别是初学者，进行显微观察时应遵守从低倍镜到高倍镜再到油镜的观察顺序，因为低倍数物镜视野相对大，易发现目标及确定检查的位置。

（1）低倍镜观察　　将要观察的标本玻片置于载物台上，用标本夹夹住，移动推进器使观察对象处在物镜的正下方。下降10×物镜，使其接近标本，用粗调节器慢慢升起镜筒，使标本在视野中初步聚焦，再使用细调节器调节至图像清晰。通过推进器慢慢移动玻片，认真观察标本各部位，找到合适的目的物，仔细观察并记录所观察到的结果。

在任何时候使用粗调节器聚焦物像时，必须养成良好的调焦习惯：先从侧面注视小心调节物镜靠近标本，然后用目镜观察，慢慢调节物镜离开标本。以防因一时的操作失误而损坏镜头及玻片。

（2）高倍镜观察　　在低倍镜下找到合适的观察目标并将其移至视野中心后，轻轻转动物镜转换器将高倍镜移至工作位置。对聚光器光圈及视野亮度进行适当调节后微调细调节器使物像清晰，利用推进器移动标本仔细观察并记录所观察到的结果。

在一般情况下，当物像在一种物镜视野中已清晰聚焦时，转动物镜转换器将其他物镜转到工作位置进行观察时物像将保持基本准焦的状态，这种现象称为物镜的同焦（parfocal）。利用这种同焦现象，可以保证在使用高倍镜或油镜等放大倍数高、工作距离短的物镜时仅用细调节器即可对物像进行清晰聚焦，从而避免由于使用粗调节器时可能的操作失误而损坏镜头或玻片。

（3）油镜观察　　在高倍镜下找到合适的观察目标并将其移至视野中心，将高倍镜转离工作位置，在待观察的样品区域滴上一滴香柏油，将油镜转到工作位置，油镜镜头此时应正好浸泡在镜油中。将聚光器升至最高位置并开足光圈，若所用聚光器的数值孔径超过1.0，还应在聚光镜与载玻片之间加滴香柏油，保证其达到最大的效能。调节照明使视野的亮度合适，微调细调节器使物像清晰，利用推进器移动标本仔细观察并记录所观察到的结果。

注意：切不可将高倍镜转动经过加有镜油的区域。

另一种常用的油镜观察方法是在低倍镜下找到要观察的样品区域后，用粗调节器将镜筒升高，将油镜转到工作位置，然后在待观察的样品区域滴加香柏油。从侧面注视，用粗调节器将镜筒小心降下，使油镜浸在镜油中并几乎与标本相接，调节聚光器的数值孔径及视野的照明强度后，用粗调节器将镜筒徐徐上升，直至视野中出现物像并用细调节器使其清晰准焦为止。

有时按上述操作还找不到目的物像，则可能是由于油镜下降还未到位，或因油镜上升太快，以至眼睛捕捉不到一闪而过的物像。遇此情况，应重新操作。另外，应特别注意不要因在下降物镜时用力过猛或调焦时误将粗调节器向反方向转动而损坏镜头及玻片。

3．显微镜用后的处理

1）上升镜筒，取下玻片。

2）用擦镜纸拭去镜头上的镜油，然后用擦镜纸蘸少许二甲苯擦去镜头上残留的油迹，最后再用干净的擦镜纸擦去残留的二甲苯。

3）用擦镜纸清洁其他物镜及目镜，用绸布清洁显微镜的金属部件。

4）将各部分还原，将光源灯亮度调至最低后关闭，或将反光镜垂直于镜座，将最低放大倍数的物镜转到工作位置，同时将载物台降到最低位置，并降下聚光器。

五、注意事项

1．在任何情况下都应先用低倍镜（10×或4×）搜寻、聚焦样品，确定待观察目标的大致位置后再转换到高倍镜或油镜。若初学者即使使用低倍镜仍难以找到样品的准焦位置，则可用记号笔在载玻片正面空白处画一道线，通过粗调节器、细调节器使该线条聚焦清晰后再移动到加有样品的部位进行观察。在使用高倍镜及油镜时应该特别注意避免粗调节器的操作失误。

2．根据目镜中的物像是否随着载玻片进行相应移动来判断聚焦的物像是否为待观察的样品。一般来说，由于焦平面不同，物镜上的少量污物不会影响对样品的观察。对虹彩光圈和视野明亮度进行调节可以获得反差合适的观察物像。

3．无论使用单筒显微镜还是双筒显微镜均应双眼同时睁开观察，以减少眼睛疲劳，也便于边观察边绘图或记录。

4．显微镜属于精密仪器，在取、放时应一手握住镜臂，另一手托住镜座，使显微镜保持直立平稳，切忌单手拎提。

5．显微镜具有聚焦校正功能，观察时一般可以摘下近视或远视眼镜。确需佩戴眼镜进行观察时则应注意不要使眼镜镜片与目镜镜头相接触，以免在眼镜或镜头镜片上造成划痕。

6．二甲苯等清洁剂会对镜头造成损伤，不要使用过量的清洁剂或让其在镜头上停留时间过长或有残留。此外，切忌用手或其他纸擦拭镜头，以免使镜头粘上汗渍、油物或产生划痕，影响观察。

六、实验结果

分别绘出你所观察到的球菌、杆菌、螺菌、放线菌、酵母菌和真菌的形态。

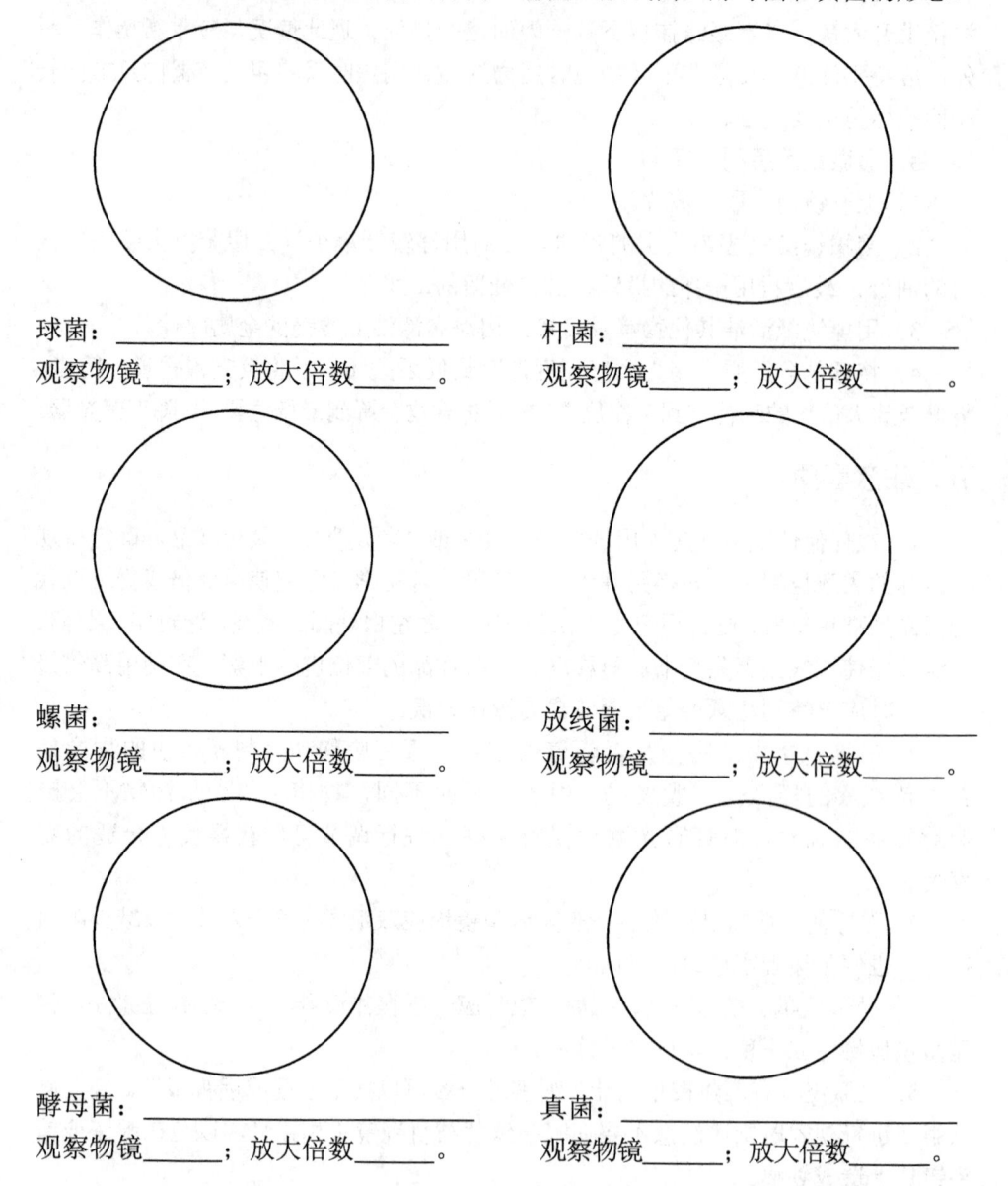

球菌：_____
观察物镜_____；放大倍数_____。

杆菌：_____
观察物镜_____；放大倍数_____。

螺菌：_____
观察物镜_____；放大倍数_____。

放线菌：_____
观察物镜_____；放大倍数_____。

酵母菌：_____
观察物镜_____；放大倍数_____。

真菌：_____
观察物镜_____；放大倍数_____。

七、思考题

1. 用油镜观察时应注意哪些问题？在玻片和镜头之间滴加香柏油有什么作用？

2．什么是物镜的同焦现象？它在显微镜观察中有什么意义？
3．影响显微镜分辨率的因素有哪些？
4．根据你的实验体会，谈谈应如何根据所观察微生物的大小选择不同的物镜进行有效观察。

实验 2　荧光显微镜

一、实验目的

1．了解荧光显微镜的构造和原理。
2．熟悉使用荧光显微镜观察抗酸性细菌形态的基本技术。

二、实验原理

1．荧光显微镜的构造

荧光显微镜（fluorescence microscope）由普通光学显微镜和一些附件（如荧光光源、荧光镜组件）组成。荧光光源一般采用超高压汞灯，该灯可发出各种波长的光，因每种荧光物质都有一个产生最强荧光的激发光波长，所以需加用激发滤片，一般有紫外、紫色、蓝色和绿色激发滤片。显微镜通过反射荧光装置将激发光经过物镜向下落射到标本表面，一般使用平面反光镜，反光层一般是镀铝的，因为铝对紫外光和可见光的蓝紫区吸收少，反射达 90% 以上，而银的反射只有 70%。根据成像光路的特点，荧光显微镜可分为透射荧光显微镜和落射荧光显微镜。

透射荧光显微镜激发光源是通过聚光镜穿过标本材料来激发荧光的。常用暗视野聚光镜，也可用普通聚光镜，调节反光镜使激发光转射和旁射到标本上，这是比较旧式的荧光显微镜。但在低倍镜时荧光强，所以对观察较大的标本材料较好。

落射荧光显微镜是激发光从物镜向下落射到标本表面，物镜起着照明聚光镜和收集荧光的作用。光路中双色束分离器与光轴呈 45°，把激发光反射到物镜中，并聚集在样品上，样品所产生的荧光及由物镜表面、盖玻片表面反射的激发光同时进入物镜，再返回双色束分离器，使激发光和荧光分开，残余激发光被阻断滤片吸收。选择不同的激发滤光片/双色束分离器/阻断滤光片的组合插块，可满足不同荧光反应产物的需要。落射荧光显微镜的优点是视野照明均匀，成像清晰，放大倍数越大荧光越强。

2．基本原理

荧光显微镜是利用一个高发光效率的点光源，经过滤色系统发出一定波长的光（如紫外光 365nm 或紫蓝光 420nm）作为激发光，激发检测标本内的荧光物质发射出各种不同颜色的荧光后，通过物镜和目镜系统的放大以观察标本的荧光图像的光学显微镜，是医学检验中的重要仪器之一。

荧光显微镜的光源所起的作用不是直接照明，而是作为一种激发标本的荧光物质的能源。我们之所以能够观察标本，不是由于光源的照明，而是由于标本内荧光物质吸收激光的光后呈现的影像。荧光显微镜必须具有相应的滤光镜系统，在荧光显微镜下，受激发产生的荧光物质发出明亮的可见光，与不发荧光的背景形成明显的对比，易于观察识别，可以进行定位、定性和定量检测。

由于仪器生产厂家已按其用途和光学特性将激发滤光片、双色束分离器和阻断滤光片进行了严格的组合匹配，在观察和摄影时，只需选择滤光片组即可。滤光片组的编号和适用范围见表2-1。

表 2-1 滤光片组的编号和适用范围

滤光片组编号	1	2	3	4
滤光片组型号	紫外光（U） EF 330~380nm DM 400nm BF 435nm	紫光（V） EF 380~420nm DM 430nm BF 460nm	蓝光（B） EF 420~490nm DM 505nm BF 520nm	绿光（G） EF 500~550nm DM 575nm BF 590nm
适用举例	硫代黄素荧光染色	单胺荧光	FITC、吖啶橙染色	TRITC

注：EF为激发滤光片，DM为双色束分离器，BF为阻断滤光片；FITC为异硫氰酸荧光素，是一种常用的绿色荧光探针，最大吸收光谱为492nm，最大发射光谱为520nm；TRITC为四甲基异硫氰酸罗丹明，最大吸收光谱为550nm，最大发射光谱为620nm，呈橙红色荧光。

三、实验器材

（1）菌种与培养基　　草分枝杆菌（*Mycobacterium phlei*）。

（2）试剂　　苯酚品红染液、吕氏亚甲蓝染液、3%盐酸乙醇溶液、香柏油等。

（3）仪器及用具　　荧光显微镜、擦镜纸、载玻片、接种环、酒精灯、吸水纸、盖玻片等。

四、实验步骤

1）打开灯源，高压汞灯需预热几分钟才能达到最亮点。

2）根据使用的荧光显微镜种类（透射式荧光显微镜还是落射式荧光显微镜），安装所要求的激发滤光片和阻断滤光片。

3）用低倍镜观察，调整光源中心，使其位于整个照相光斑的中央。

4）玻片的制备与抗酸性染色：取菌制片后滴加苯酚品红染液于涂片上，微微加热到染液冒蒸汽，维持7~8min，倾去染料用水冲洗。再用3%盐酸乙醇溶液脱色1min，至流下的乙醇为淡红色或无色为止，水洗，吕氏亚甲蓝染液复染1min，水洗，自然干燥后镜检。

5）调焦后，在玻片上滴加香柏油，在荧光显微镜下观察。抗酸性细菌呈红色，非抗酸性细菌呈蓝色。

6）使用结束，关闭所有电源，做好镜头和载物台的清洁工作，待灯室冷却至室温后，用防尘罩盖好显微镜，并做好使用记录。

五、注意事项

1．观察对象必须是可自发荧光或已被荧光染料染色的标本。

2．载玻片、盖玻片及香柏油应不含自发荧光杂质，载玻片的厚度应为 0.8～1.2mm，太厚可吸收较多的光，并且不能使激发光在标本平面上聚焦。载玻片必须光洁，厚度均匀，无油渍或划痕。盖玻片厚度应在 0.17mm 左右。

3．选用效果最好的滤光片组。

4．荧光标本一般不能长久保存，若长时间持续照射（尤其是紫外光）易很快褪色。因此，如有条件则应先照相存档，再仔细观察标本。

5．启动高压汞灯后，不得在 15min 内将其关闭，一经关闭，必须待汞灯冷却后方可再开启。严禁频繁开闭，否则会大大降低汞灯的寿命。

6．若暂不观察标本，可拉过阻光帘阻挡光线。这样，既可避免对标本不必要的长时间照射，又减少了开闭汞灯的频率和次数。

7．较长时间观察荧光标本时，一定要戴能阻挡紫外光的护目镜，加强对眼睛的保护。在未加入阻断滤光片前不要用眼直接观察，否则会损伤眼睛。

六、实验结果

描述抗酸性染色后草分枝杆菌的细胞形态。

七、思考题

1．荧光显微镜的两种滤光片各起什么作用？
2．荧光显微镜的光源有什么特点？
3．使用荧光显微镜时如何注意对眼睛的保护？

实验 3　暗视野显微镜

一、实验目的

1．了解暗视野显微镜的基本原理及用途。
2．学习并掌握使用暗视野显微镜观察微生物样品的基本技术。

二、实验原理

暗视野显微镜（dark field microscope）也称超显微镜（ultramicroscope），其聚光镜中央有一挡光片，使照明光线不能直接进入物镜，只允许被标本反射和衍射的光线进入物镜，因而视野的背景是黑的，物体的边缘是亮的。

暗视野显微镜的基本原理是丁达尔效应：当一束光线透过黑暗的房间，从垂直于入射光的方向可以观察到空气里出现的一条光亮的灰尘"通路"。暗视野显微镜是在普通的光学显微镜上换装暗视野聚光镜后，由于该聚光器内部抛物面结构的遮挡，照射在待检物体表面的光线不能直接进入物镜和目镜，仅散射光能通过，因此视野是黑暗的。暗视野显微镜由于不将透明光射入直接观察系统，无物体时，视野黑暗，不可能观察到任何物体；当有物体时，以物体衍射回的光与散射光等在黑暗的背景中明亮可见。利用这种显微镜能见到小至 4～200nm 的微粒子，分辨率可比普通显微镜高 50 倍。只能看到物体的存在、运动和表面特征，不能辨清物体的细微结构。

暗视野显微术适于观察在明视野中由于反差过小而不易观察的折光率很强的物体，以及一些小于光学显微镜分辨极限的微小颗粒。在微生物学研究工作中，常用此法来观察活菌的运动或鞭毛等。在暗视野中，由于有些活细胞其外表比死细胞明亮，因此暗视野也被用来区分死细胞和活细胞。此外，暗视野显微镜对于观察娇弱的微生物如梅毒密螺旋体（*Treponema pallidum*）特别有用。

三、实验器材

（1）菌种　　酿酒酵母（*Saccharomyces cerevisiae*）。

（2）仪器及用具　　暗视野显微镜、载玻片、盖玻片、香柏油、擦镜纸、无菌水等。

四、实验步骤

1）安装暗视野聚光镜：将普通聚光镜取下，换上暗视野聚光镜。转动螺旋上升聚光镜。

2）制片：选厚度在 1.0～1.2mm 的干净载玻片一块，滴上酿酒酵母悬液，盖上洁净的盖玻片，制成水浸片，注意切勿产生气泡。

3）置片：加香柏油于暗视野聚光镜的顶部，下降聚光镜，把制片放置在载物台上，并把观察的标本移至物镜下，转动旋钮升高聚光镜，使香柏油与载玻片背面相接触，这样可避免产生气泡。

4）调焦和调中：使用低倍镜，转动聚光镜升降螺旋，调节聚光镜高低，可出现一个光环，最后出现一个光点，光点越小越好，由此点将聚光器上下移动时均可使光点增大。然后用聚光镜的调中螺丝进行调节，使光点位于视野的中央。

5) 用油镜进行观察：油镜的使用及注意事项见实验1。适当地进行聚光镜的调焦和调中使视野照明处于最佳状态。转动粗调节器、细调节器，使菌体更清晰。

五、注意事项

1. 使用油镜时，为避免直射光线进入，应选用有开口光圈的油镜。进行暗视野观察时，聚光镜与载玻片之间滴加的香柏油要充满，否则照明光线于聚光镜上面进行全面反射，达不到被检物体，从而不能得到暗视野照明。

2. 要求倾斜光线的焦点正好落在被检物上，故在进行暗视野观察标本前，一定要进行聚光镜的调中和调焦，使焦点与被检物体一致。

3. 由于暗视野聚光镜的数值孔径都较大（NA=1.2~1.4），焦点较浅，因此，过厚被检物体无法调在聚光镜焦点处，一般载玻片厚度为1.0mm左右，盖玻片厚度宜在0.16mm以下，同时载玻片、盖玻片应很清洁，无油脂，无划痕，以免反射光线。

六、实验结果

描述在暗视野显微镜中酿酒酵母的运动情况。

七、思考题

1. 观察活细胞的个体形态，你认为用显微镜的明视野好还是暗视野好？为什么？
2. 你所观察到的酿酒酵母，在暗视野中能否区分死细胞和活细胞？
3. 暗视野观察时，对所用的载玻片、盖玻片有何要求？为什么？

实验4　相差显微镜

一、实验目的

1. 了解相差显微镜的构造和原理。
2. 掌握相差显微镜的使用方法，并会使用相差显微镜观察酿酒酵母。

二、实验原理

细胞各部细微结构的折射率和厚度不同，光波通过时，波长（颜色）和振幅（亮度）并不发生变化，仅相位发生变化（振幅差），这种振幅差人眼无法观察。为了克服这种困难，往往采取固定染色方法，缺点是只能观察死体，活体染色还受染料的限制。利用缩小光圈加强明暗反差的方法也可观察活体,但不能充分利用镜口率,视野亮度也要降低,利用暗视野映光法,也只能看到物体表面的散射光线,不能看到内部细微构造。

相差显微镜(phase contrast microscope)由 P. Zernike 于 1932 年发明,并因此获得1953年的诺贝尔物理奖。它通过特殊装置环形光圈和相板使光波通过物体时波长与振幅发生变化,以增大物体明暗反差,即把样品不同部位间折射率和细胞密度的微弱差异转变成人眼可能觉察的明暗差,可不用染色就能观察到活细胞及其内部的细微结构。相差显微镜也可用于观察缺少反差的染色样品。

相差显微镜(图 4-1)使光线透过标本后发生折射,偏离了原来的光路,同时被延迟了 $1/4\lambda$(波长),如果再增加或减少 $1/4\lambda$,则光程差变为 $1/2\lambda$,两束光合轴后干涉加强,振幅增大或减小,提高反差。

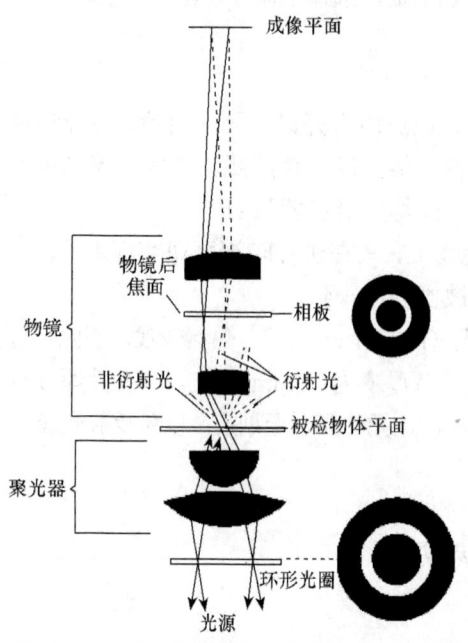

图 4-1 相差显微镜的构造和成像原理示意图

相差显微镜不同于普通光学显微镜的 4 个特殊之处总结如下。

(1)环形光圈　　位于光源与聚光器之间,作用是使透过聚光器的光线形成空心光锥,聚焦到标本上。相差聚光镜内装有大小不同的环形光圈,在边上刻有 0、10、20、40、100 等字样:"0"表示没有环形光圈,相当于普通聚光镜,其他数字表示环形光圈的不同大小,要和相应的相差物镜(即带有相板的物镜)配合使用。

(2)相板　　在物镜中加了涂有氟化镁的相板,可将直射光或衍射光的相位推迟 $1/4\lambda$。分为两种。

1)A+相板:将直射光推迟 $1/4\lambda$,两组光波合轴后光波相加,振幅加大,标本结构比周围介质更亮,形成亮反差(或称负反差)。

2)B+相板:将衍射光推迟 $1/4\lambda$,两组光线合轴后光波相减,振幅变小,形成暗反差(或称正反差),结构比周围介质更暗。

(3)合轴调节望远镜　　用于调节环形光圈的像与相板共轭面完全吻合。为使环形光圈的中心与物镜的光轴完全在一条直线上,必须拔出目镜,装上特制的低倍望远镜,使相板的暗环与环形光圈的明环合轴。

（4）绿色滤光片　因为相差物镜多属消色差物镜，这种物镜只纠正了黄、绿光的球差，而未纠正红、蓝光的球差，进行相差显微镜观察时，采用绿色滤光片效果最好。另外，绿色滤光片有吸热作用，有利于进行活体观察。

三、实验器材

（1）菌种　酿酒酵母和枯草芽孢杆菌的斜面培养基或液体培养物水浸片。

（2）仪器及用具　相差显微镜、载玻片（厚度 1.0～1.2mm）、盖玻片（0.16～0.17mm）等。

四、实验步骤

（1）调整显微镜　将相差聚光镜和相差物镜换入显微镜，并放置滤色镜。

（2）视场光圈的中心调整

1）将相差聚光镜转盘转至"0"位，调节光源使视野亮度均匀。

2）用 10×物镜进行观察。

3）将视场光圈关至最小孔径。

4）转动旋钮上下移动聚光镜，以观察到清晰的视场光圈的多边影像。

5）转动调中转钮使视场光圈影像调中。

6）将视场光圈开大并进一步调中使视场光圈多角形恰好与视场内接。

7）再稍开大视场光圈至各边与视场缘外切。

（3）环形光圈与相板合轴调整

1）取下一只目镜，换入合轴调整望远镜。

2）将相差聚光镜转盘转至"10"位（与 10×物镜适配）。

3）调整合轴，调整望远镜的焦距至能清晰地观察到聚光镜的环形光圈（亮环）和相差物镜相板（暗环）的像。

4）由于相板（暗环）是固定在物镜内的，而聚光镜的环形光圈（亮环）是可以水平移动的，在进行合轴调整时，调节环形光圈的合轴调整按钮，使光环完全进入暗环并与暗环同轴。

5）取下合轴调整望远镜，装入目镜即可进行观察。

6）更换其他相差物镜（如 20×、40×）时应重新进行合轴调整。用 100×相差物镜时，标本与物镜间加入镜油，并进行合轴调整。

7）用 40×或 100×相差物镜对酿酒酵母细胞结构进行观察。

五、注意事项

1. 光源要有强大的光度，且不要带热。普通镜检用的低压显微镜灯可作为光源，为了避免带热，可在光源与被检物之间放置吸热装置，如用 5cm 的滤光水槽或遮热滤光镜等。

2. 用相差显微镜镜检时，可用新鲜的活体材料，也可用固定材料，无论哪种材料都不宜太厚，一般不超过 20μm。镜检对载玻片和盖玻片要求很高，载玻片厚度应在 1.0mm 左右，薄厚均匀，盖玻片标准厚度为 0.16～0.17mm。

六、实验结果

描述酿酒酵母和枯草芽孢杆菌的细胞结构。

七、思考题

1. 相差显微镜有哪些特有的附件？
2. 为什么相差显微镜可以直接观察活体样本？

实验 5　电子显微镜

一、实验目的

1. 了解透射电子显微镜和扫描电子显微镜的基本结构和原理。
2. 学习待测电子显微镜样品的制备方法。
3. 在电子显微镜下观察微生物的形态。

二、实验原理

电子显微镜，简称电镜，是观察微生物极其重要的仪器。由于受光学显微镜分辨力的限制（受检物直径须在 0.2μm 以上），若要观察比细菌更小的微生物如病毒，或观察微生物细胞的超微结构就必须使用电子显微镜。电子显微镜是以电子波代替光学显微镜的光波，电子场的功能类似光学显微镜的透镜，整个操作系统在真空条件下进行。由于用来放大标本的电子束波长极短，当通过电场的电压为 100kV 时，波长仅为 0.04nm，约为可见光波的 1/100 000，因此电子显微镜分辨率较光学显微镜大大提高。光学显微镜分辨率为 200nm，电子显微镜分辨率达 0.2nm。通过电子显微镜可观察到更细微的物质和结构，在生命科学研究中，电子显微镜已成为观察和描述细胞、组织、细菌和病毒等超微结构必不可少的工具。此外，通过电子显微镜能直接观察到某些重金属的原子和晶体中排列整齐的原子点阵。

根据电子束作用于样品的方式不同及成像原理的差异，现代电子显微镜已发展形成了许多类型，目前最常用的是透射电子显微镜（transmission electron microscope，TEM）和扫描电子显微镜（scanning electron microscope，SEM）两大类。前者总放大倍数为 1000～1 000 000 倍，后者总放大倍数为 20～3 000 000 倍。

透射电子显微镜的构造是相当复杂的，包括高稳定度的高压电源、高真空泵系统和显微镜筒等几个组成部分。显微镜筒是成像的主要部分，它的结构大致上与光学显微镜类似，如图 5-1 所示，包括电子枪、聚光镜、物镜、投影镜和用来观察的荧光屏，所不同的是电子显微镜中的光源是一股高速的电子流。电子显微镜中物像的形成并不是由物体对电子的吸收效应所产生的，而是物体内部结构对电子发生散射作用的结果。物体各部分厚薄疏密程度不同，对电子散射的能力也各不相同，电子束通过物体时则以不同的角度被散射开，然后通过物镜重新会聚成像，所形成的初像再经投影透镜放大，最后电子打在荧光屏上，而出现清晰的物像。

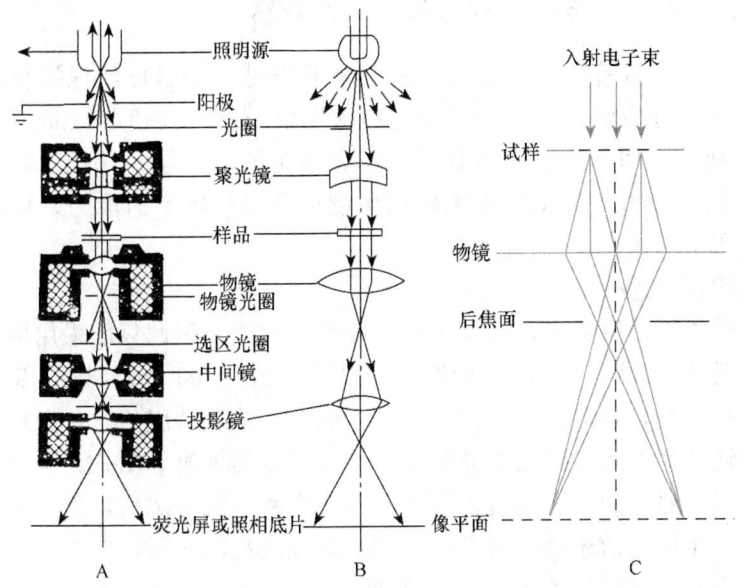

图 5-1 电子显微镜和光学显微镜的构造和成像原理示意图
A. 透射电子显微镜；B. 透射光学显微镜；C. 电镜物镜成像原理

透射电子显微镜照明电子束是透过样品后经物镜放大成像的。扫描电子显微镜的照明电子束并不透过样品，电子枪发出的电子束受到加速电压的作用射向镜筒，经聚光镜及物镜的汇集缩小成电子探针，在扫描线圈的作用下，电子探针在样品表面进行光栅状扫描，并激发出样品表面的二次电子发射，二次电子打到检测器上经放大转换送至显像管的栅极上，而显像管中另一电子束在荧光屏上也进行与样品表面电子束扫描严格同步的光栅状扫描，这样便获得了相应的电子图像。这种图像是放大的样品表面立体形貌的图像。电子显微镜和光学显微镜的构造和成像原理示意图见图 5-1。

三、实验器材

（1）菌种　　大肠杆菌（*Escherichia coli*）、酿酒酵母（*Saccharomyces cerevisiae*）。

（2）溶液或试剂　　乙酸戊酯、浓硫酸、无水乙醇、0.1mol/L 磷酸缓冲液、1mol/L 氢氧化钠溶液、2%磷钨酸钠（pH 6.5～8.0）水溶液、1%～2%戊二醛磷酸缓冲液（pH 7.2 左右）。

（3）仪器及用具　　透射电子显微镜、扫描电子显微镜、真空喷镀仪、临界点干燥器、细胞计数板、烧杯、培养皿、载玻片、瓷漏斗、铜网、大头针、滤纸、无菌滴管、无菌镊子等。

四、实验步骤

（一）透射电子显微镜样品的制备及观察

透射电子显微镜样品制备技术的基本要求是：①尽可能保持材料的结构和某些化学成分生活时的状态；②材料的厚度一般不宜超过 1000Å，组织和细胞必须制成薄切片以获得较好的分辨率和足够的反差；③采用各种手段，如电子染色、投影、负染色等来提高生物样品散射电子的能力，以获得反差较好的图像。

1. 载网的准备

在透射电子显微镜中，由于电子不能穿透玻璃，因此只能采用网状材料即载网作为载体。载网有不同的规格，通常采用150～200目的铜网。铜网在使用前要先进行处理，以除去其上的污物，否则会影响支持膜的质量及标本照片的清晰度。通常是先用乙酸戊酯浸泡 2h，然后用蒸馏水冲洗数次，再将铜网浸泡在无水乙醇中进行脱水。用过的不干净的旧铜网，经清洗后可重新使用。清洗前，将其压平整后放于小锥形瓶中，加入浓硫酸浸没铜网，轻轻摇动，待铜网被清洗干净发出铜的光泽（2～4min）后，倒出硫酸；加入 1mol/L 氢氧化钠溶液摇动清洗 3～5min。

2. 转移支持膜到载网上

在进行样品的观察时，在载网上还应覆盖一层无结构的、均匀的薄膜，否则细小的样品会从载网的孔中漏出去，这层薄膜通常称为支持膜或载膜。支持膜可用塑料膜，也可以用碳膜或金属膜。常规工作条件下塑料膜就可以达到要求，所以大多数情况下采用塑料膜中的火棉网。

转移支持膜到载网上，可以有多种方法，常用的有如下两种。

一是将洗净的网放入瓷漏斗中，漏斗下面套上乳胶管，用止水夹控制水流，缓缓向漏斗内加入无菌水，高约 1cm；用无菌镊子尖轻轻排出铜网上的气泡，并将其均匀地摆在漏斗中心区域；在水面上制备支持膜，然后松开水夹，使膜缓缓下沉，紧紧贴在铜网上；将一清洁的滤纸覆盖在漏斗上防尘，自然干燥或红外线灯下烤干。干燥后的膜，用大头针尖在铜网周围划一下，用无菌镊子小心地将铜网膜移到载玻片上,置于光学显微镜下用低倍镜挑选完整无缺、厚薄均匀的铜网膜备用。

二是在平皿或烧杯里制备支持膜,成膜后将几片铜网放在膜上,再在上面放一张滤纸,浸透后用镊子将滤纸反转提出水面。将有膜及铜网的一面朝上放在干净的平皿中,置40℃烘箱内干燥。

3. 制片

透射电子显微镜样品的制备方法比较多,有超薄切片法、冰冻蚀刻法、复型法及滴液法等。其中,滴液法或在此基础上发展起来的直接贴印法和喷雾法等主要适用于观察病毒颗粒、细菌形态及生物大分子物质。

本实验采用的是滴液法结合负染色技术来观察大肠杆菌的形态。首先将无菌水加入生长良好的细菌斜面,用吸管轻轻拨动制成菌悬液。用无菌滤纸过滤,并调整滤液中的细胞浓度为10^8个/mL。取菌悬液与等量的2%磷钨酸钠(pH 6.0～8.0)水溶液混合,用无菌毛细管吸取混合悬液滴在铜网上,3～5min后,用滤纸吸去多余的水分,待样品干燥后,置于光学显微镜的低倍镜下检查,挑选膜完整、菌体分布均匀的铜网。

4. 观察

将载有样品的铜网置于透射电子显微镜中进行观察,铜网标本应先在低倍镜下挑选分散均匀、浓度适中的标本。观察时选择标本中最佳的区域进行拍照、观察、记录形态。

(二)扫描电子显微镜微生物样品的制备及观察

扫描电子显微镜样品制备技术的基本要求是:①保持完好的组织和细胞形态;②充分暴露要观察的部位;③良好的导电性和较高的二次电子产额;④保持充分干燥的状态。

1. 固定及脱水

生物的精细结构极易遭受破坏,因此在进行制样处理和进行电镜观察前必须进行固定,以使其能够最大限度地保持生活时的形态。而采用乙醇等水溶性、低表面张力的有机溶液对样品进行梯度脱水,就是为了减少对样品进行干燥处理时由表面张力引起的自然形态变化。

将处理好的干净盖玻片,切割成4～6mm²的小块,在其上滴加待检的较浓大肠杆菌悬浮液,或将菌苔直接涂上,也可用载玻片小块粘贴菌落表面,自然干燥后置于光学显微镜下镜检,以菌体较密,但又不堆在一起为宜;标记盖玻片小块有样品的一面;将上述样品置于1%～2%戊二醛磷酸缓冲液(pH 7.2左右)中,于4℃冰箱中固定过夜。次日以同一缓冲液冲洗,分别用40%、70%、90%和100%的乙醇依次脱水,每次15min。脱水后,用乙酸戊酯置换乙醇。

另一种与之类似的样品制备方法是采用离心洗涤的手段将菌体依次固定及脱水，最后涂布到玻片上。其优点是在固定及脱水过程中可完全避免菌体与空气接触，从而可最大限度地减少因自然干燥而引起的菌体变形；可保证最后制成的样品中有足够的菌体浓度，因为涂在玻片上的菌体在固定及干燥过程中有时会从玻片上脱落；此外，还可确保玻片上有样品的一面不会弄错。

2. 临界点干燥

将上述制备好的样品置于临界点干燥器中，并浸泡于液态二氧化碳中，加热到临界点温度（31.4℃，72.8atm[①]）以上，使之气化进行干燥。

样品经脱水后，有机溶剂排挤了水分，侵占了原来水的位置。值得注意的是，水是脱掉了，但样品还是浸润在溶剂中，因此，还必须在表面张力尽可能小的情况下将这些溶剂"请"出去，从而使样品真正得到干燥。目前采用最多、效果最好的方法是临界点干燥法。其原理是在一装有溶剂的密闭容器中，随着温度的升高，蒸发速率加快，气相密度增加，液相密度下降。当温度增加到某一定值时，气、液二相密度相等，界面消失，表面张力也就不存在了，此时的温度及压力即称为临界点。将生物样品用临界点较低的物质置换出内部的脱水剂进行干燥，可以完全消除表面张力对样品结构的破坏。目前用得最多的置换剂是二氧化碳。由于二氧化碳与乙醇的互溶性不好，因此，样品经乙醇分级脱水后还需用与这两种物质都互溶的"媒介液"乙酸戊酯置换乙醇。

3. 真空喷镀

将干燥后的样品放在真空喷镀仪的玻璃罩中，真空度为 $10^{-6} \sim 10^{-4}$ Torr[②]。喷镀时，使样品在旋转台上转动，将加热蒸发的金属喷镀到样品表面。

用导电胶将制备好的样品固定在金属样品台上，置于干燥器中，送电镜室进行观察。

4. 电镜观察并拍照

电镜调整完毕，将样品装入样品室进行观察。选择视野从低倍到高倍，对最佳的区域进行拍照观察。

五、注意事项

1. 实验开始时，一定要先确认真空系统状态及真空度。

2. 样品杆有多种类型，常见的有单倾、双倾（更适合高分辨取向性观察）等。将铜网固定至样品杆上时，固定螺丝不可拧得过紧，为防止铜网脱落，可用右手握住样品杆，左手轻拍右手数次。

---

① 1atm≈1.013 25×10^{5}Pa
② 1Torr≈1.333 22×10^{2}Pa

3．将样品杆装入主机时一定要小心，注意动作的协调性和连贯性，以免损坏样品、样品杆、样品台，或导致体系真空度降低（漏气）。

4．开机升高压时，要注意暗电流的变化。

5．发射电子束，插入样品杆，等离子泵的真空度回到原来的水平后，可有"FILAMENT READY"的提示，此时点击灯丝加热按钮，等电子束发射稳定后，可在荧光屏上形成绿色光斑，使用 LOW MAG 模式对样品进行初步观察，随后进一步放大观察。

六、实验结果

1．简述标本的制备方法。

2．拍摄所观察的大肠杆菌，记录其形态特点。

3．绘出或描述所观察酵母菌细胞的立体形态。

七、思考题

1．扫描电子显微镜观察的样品为何必须绝对干燥？

2．透射电子显微镜和扫描电子显微镜有何异同？用来观察的样品为什么要放在以金属网作为支架的火棉网等上？

第二章 微生物的染色技术与形态结构观察

实验 6 细菌的简单染色和革兰氏染色

一、实验目的

1. 学习并掌握制片技术。
2. 掌握细菌简单染色和革兰氏染色的原理和方法。
3. 巩固显微镜操作技术及无菌操作技术。

二、实验原理

由于细菌个体微小，为无色半透明体，因此在进行细菌形态学检查时，往往需要将细菌标本经过合适的染色并通过显微镜放大进行观察。用于染色的染料是一类苯环上带有发色基团和助色基团的有机化合物。发色基团赋予染料染色特征，而助色基团使染料能够与酸或碱形成盐。常用的微生物细胞染料都是盐，分为碱性染料和酸性染料，前者包括亚甲蓝（美蓝）、结晶紫、碱性品红、番红（沙黄）及孔雀绿等，后者包括酸性品红、伊红及刚果红等。微生物细胞在碱性、中性及弱酸性溶液中通常带负电荷，而染料电离后染色部分带正电荷，很容易与细胞结合并使其着色，故通常采用碱性染料进行染色。当细胞处于酸性条件下（如细菌分解糖类产酸）所带正电荷增加时，可采用酸性染料染色。

仅利用单一染料对菌体进行染色的方法称为简单染色（又称单染），此法操作简便，但只能在显微镜下看清细菌形态，不能辨别其结构。复染是指用两种或多种染料对菌体进行染色，目的是鉴别不同性质的细菌，主要方法有革兰氏染色法和抗酸性染色法。

革兰氏染色法（Gram stain）是 1884 年由丹麦医师 Gram 创立的，革兰氏染色反应是细菌分类和鉴定的重要性状，不仅能观察到细菌的形态，还可将所有细菌区分为两大类：染色反应呈蓝紫色的称为革兰氏阳性菌，用 G^+ 表示；染色反应呈红色（复染颜色）的称为革兰氏阴性菌，用 G^- 表示。

细菌对于革兰氏染色的不同反应，是由它们细胞壁的成分和结构不同而造成的。革兰氏阳性菌的细胞壁主要是由肽聚糖形成的网状结构组成的，在染色过程中，当用乙醇处理时，由于脱水而引起网状结构中的孔径变小，通透性降低，使结晶紫-碘复合物被保留在细胞内而不易脱色,因此,呈现蓝紫色;革兰氏阴性菌的细胞壁中肽聚糖含量低,而脂类物质含量高,当用乙醇处理时,脂类物质溶解,细胞壁的通透性增加,使结晶紫-碘复合物易被乙醇抽出而脱色,然后又被染上了复染液(番红)的颜色,因此呈现红色。

革兰氏染色需用4种不同的溶液:碱性染料初染液、媒染剂、脱色剂和复染液。初染液一般是结晶紫。常用的媒染剂是碘,其作用是增加染料和细胞之间的亲和性或附着力,即以某种方式帮助染料固定在细胞上,使其不易脱落。脱色剂常用95%的乙醇。复染液也是一种碱性染料,其颜色不同于初染液,复染的目的是使被脱色的细胞染上不同于初染液的颜色。

三、实验器材

(1)菌种 大肠杆菌16h牛肉膏蛋白胨琼脂斜面培养物,金黄色葡萄球菌(*Staphylococcus aureus*)16h牛肉膏蛋白胨琼脂斜面培养物,枯草芽孢杆菌(*Bacillus subtilis*)18~24h营养琼脂斜面培养物。

(2)溶液和试剂

1)简单染液:吕氏亚甲蓝染液。

2)革兰氏染液:草酸铵结晶紫染液(初染液)、鲁戈氏(Lugol)碘液(媒染剂)、95%乙醇或丙酮(脱色剂)、番红/苯酚品红溶液(复染剂)。

(3)仪器及用具 酒精灯、载玻片、显微镜、双层瓶(内装香柏油和二甲苯)、擦镜纸、接种环、试管架、镊子、载玻片夹子、载玻片支架、吸水滤纸、火柴、滴管等。

四、实验步骤

(一)简单染色法

1. 制片

1)涂片:取干净载玻片,用记号笔在载玻片的右侧,注明菌名、染色类型。在载玻片中央滴加一小滴无菌水,以无菌操作取少许菌苔,在载玻片的水滴中涂布均匀,成一薄层。

2)风干:自然干燥,切勿在火焰上烘烤。

3)固定:将已干燥的涂片向上,在微火上迅速通过2~3次,共3~4s。要求载玻片温度不超过60℃,以载玻片背面触及手背皮肤不觉过烫为宜,放置冷却后染色。

固定的目的:杀死微生物,固定其细胞结构;保证菌体能牢固地黏附在载玻片上,以免水洗时被水冲掉;改变菌体对染料的通透性,一般死细胞原生质容易着色。

2. 染色

在已制好的涂片菌膜处,滴加吕氏亚甲蓝染液,染色1~2min。以流水冲洗涂片，至水无色为止，后用滤纸吸干涂片的水滴，干后，待镜检。

（二）革兰氏染色法

1）制片：操作同简单染色法。取活跃生长期的大肠杆菌和金黄色葡萄球菌按常规方法涂片，一张载玻片上可同时涂三个菌膜，分别为各单种菌和混合菌的涂片（不宜过厚），干燥和固定。

2）初染：滴加草酸铵结晶紫染液覆盖涂菌部位，染色1～2min后倾去染液，水洗至流出水无色。

3）媒染：先用鲁戈氏碘液冲去残留水迹，再用碘液覆盖1min，倾去碘液，水洗至流出水无色。

4）脱色：将载玻片上残留水用吸水纸吸去，在白色背景下用滴管流加95%乙醇脱色（一般20～30s），当流出液无色时立即用水洗去乙醇。

5）复染：将载玻片上残留水用吸水纸吸去，用番红复染液染色2min，水洗，吸去残水，晾干。

6）镜检：油镜观察。

五、注意事项

1. 涂片所用载玻片需清洁干净，无油渍。涂片不宜过厚，以免脱色不完全而造成假阳性。

2. 应取对数期菌种染色，老龄的革兰氏阳性菌会被染成红色而造成假阴性。

3. 用酒精灯加热干燥时，应注意涂片与火焰距离不宜过近、温度不宜过高。

4. 脱色是革兰氏染色的关键，脱色不够造成假阳性，脱色过度造成假阴性。

5. 使用染料时注意避免沾到衣服上。实验完毕后洗手，金黄色葡萄球菌为条件致病菌，二甲苯是有毒物质，实验过程中要注意做好防护工作。

六、实验结果

1. 绘图并说明简单染色后枯草芽孢杆菌和金黄色葡萄球菌的形态特征，填写表6-1。

表6-1 结果记录表

菌名	菌体颜色	细菌形态	结果（G^+、G^-）
金黄色葡萄球菌			
大肠杆菌			

2. 绘图并说明革兰氏染色后各单种菌及混合菌的菌体特征。

七、思考题

1. 在进行细菌制片时应注意哪些环节（涂片、固定等环节）？
2. 为什么要求制片完全干燥后才能用油镜观察？
3. 在进行微生物制片时是否都需要进行涂片？为什么？
4. 革兰氏染色是否成功，有哪些问题需要注意？为什么？
5. 为什么用老龄菌进行革兰氏染色会造成假阴性？
6. 你认为革兰氏染色法中哪个步骤可以省略？在何种情况下可以省略？
7. 现有一株未知杆菌，个体明显大于大肠杆菌，请你鉴定该菌是革兰氏阳性菌还是革兰氏阴性菌，如何确定你的染色结果的正确性？
8. Gram 在对死于肺炎的患者肺部组织进行检查时，经过染色，某些细菌保持蓝紫色，肺部组织背景为浅黄色，为什么肺部组织细胞未被染上蓝紫色？

实验 7 细菌的芽孢、荚膜及鞭毛染色

一、实验目的

1. 学习并掌握芽孢染色法，了解芽孢的形态特征。
2. 学习并掌握荚膜染色法，了解荚膜的形态特征。
3. 学习并掌握鞭毛染色法，了解鞭毛的形态特征。
4. 巩固显微镜操作技术及无菌操作技术。

二、实验原理

简单染色法适用于一般的微生物菌体染色，而某些微生物具有一些特殊结构，如芽孢、荚膜和鞭毛，对它们进行观察前需要进行有针对性的染色。

芽孢是芽孢杆菌属和梭菌属细菌生长到一定阶段形成的一种抗逆性很强的休眠体结构，也被称为内生孢子（endospore），通常为圆形或椭圆形。是否产生芽孢及芽孢的形状、着生部位、芽孢囊是否膨大等特征是细菌分类的重要指标。与正常细胞或菌体相比，芽孢壁厚，通透性低而不易着色，但是，芽孢一旦着色就很难被脱色。利用这一特点，首先用着色能力强的染料（如孔雀绿或苯酚品红）在加热条件下染色，使染料既可进入菌体也可进入芽孢，水洗脱色时菌体中的染料被洗脱，而芽孢中的染料仍然保留。再用对比度大的复染剂染色后，菌体染上复染剂的颜色，而芽孢仍为原来的颜色，这样可将两者区别开来。

荚膜是包裹在某些细菌细胞外的一层黏液状或脂肪状物质，含水量很高，其他成分主要为多糖、多肽或糖蛋白等。荚膜不易着色且容易被水洗去。由此常用

负染法进行染色，使背景着色，而荚膜不着色，在深色背景下呈现发亮区域。也可以采用 Anthony 氏染色法，首先用结晶紫初染，使细胞和荚膜都着色，随后用硫酸铜水溶液清洗，由于荚膜对染料亲和力差而被脱色，硫酸铜还可以吸附在荚膜上使其呈现淡蓝色，从而与深紫色菌体区分。

鞭毛是细菌的纤细丝状运动"器官"。鞭毛的有无、数量及着生方式也是细菌分类的重要指标。鞭毛直径一般为 10～30nm，只有用电子显微镜才能直接观察到。若要用普通光学显微镜观察，必须使用鞭毛染色法。首先用媒染剂（如单宁酸或明矾钾）处理，使媒染剂附着在鞭毛上使其加粗，然后用碱性品红（Gray 氏染色法，Leifson 氏染色法）、硝酸银（West 氏染色法）或结晶紫（Difco 氏染色法）进行染色。

三、实验器材

（1）菌种　　枯草芽孢杆菌和球形芽孢杆菌 1～2d 牛肉膏蛋白胨琼脂斜面培养物，褐球固氮菌 2d 无氮培养基琼脂斜面培养物，普通变形菌（*Proteus vulgaris*）14～18h 牛肉膏蛋白胨半固体平板新鲜培养物。

（2）溶液和试剂　　5%孔雀绿水溶液、0.5%番红水溶液、绘图墨水（滤纸过滤后使用）、1%甲基紫水溶液、1%结晶紫水溶液、6%葡萄糖水溶液、20%硫酸铜水溶液、甲醇、硝酸银鞭毛染液、Leifson 氏鞭毛染液、0.01%亚甲蓝水溶液等。

（3）仪器及用具　　酒精灯、载玻片、盖玻片、显微镜、双层瓶（内装香柏油和二甲苯）、烧杯、试管架、接种铲、接种针、镊子、载玻片夹子、载玻片支架、擦镜纸、接种环、小试管、滤纸、滴管和无菌水等。

四、实验步骤

（一）芽孢染色（Schaeffer-Fulton 氏染色法）

1）制片：按常规方法涂片、干燥及固定。

2）加热染色：向载玻片滴加数滴 5%孔雀绿水溶液覆盖菌膜，用载玻片夹子夹住载玻片在微火上加热至染液冒蒸汽并维持 5min，加热时注意补充染液，切勿让涂片变干。

3）脱色：待载玻片冷却后，用缓流自来水冲洗至流出水无色为止。

4）复染：用 0.5%番红水溶液复染 2min。

5）水洗：用缓流自来水冲洗至流出水无色为止。

6）镜检：将载玻片晾干后油镜镜检。

（二）荚膜染色

1. 负染法

1）制片：在载玻片一端滴一滴 6%葡萄糖水溶液，无菌操作取少量菌体于其中混匀，再用接种环取一环绘图墨水于其中充分混匀。用推片制片：将推片一端与混合液接触，轻轻左右移动使混合液沿推片散开，以约 30°迅速向载玻片另一端推动，带动混合液在载玻片上铺成薄膜（图 7-1）。

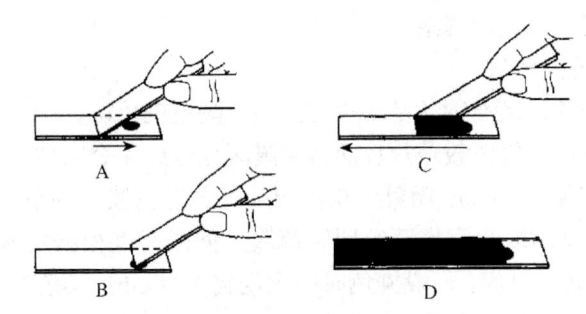

图 7-1　荚膜负染色法制作示意图
A，B，C. 推片制片的过程；D. 推片制成的薄膜

2）干燥：将载玻片在空气中自然干燥。
3）固定：滴加甲醇覆盖载玻片，固定 1min 后倾去甲醇。
4）干燥：将载玻片在空气中自然干燥。
5）染色：在载玻片上滴加 1%甲基紫水溶液，染色 1～2min。
6）水洗：用自来水缓慢冲洗，自然干燥。
7）镜检：用低倍镜和高倍镜镜检观察。

2. Anthony 氏染色法

1）涂片：按常规方法取菌涂片。
2）干燥：将载玻片于空气中自然干燥。
3）染色：用 1%结晶紫水溶液覆盖涂菌区域，染色 2min。
4）脱色：倾去结晶紫水溶液后，用 20%硫酸铜水溶液冲洗，用吸水纸吸干残液，自然干燥。
5）镜检：用油镜镜检观察。

（三）鞭毛染色

1. 硝酸银染色法

1）载玻片准备：将载玻片置于含洗衣粉或洗涤剂的水中煮沸 20min，然后用清水充分洗净，再置于 95%乙醇中浸泡，使用时取出在火焰上烧去乙醇及可能残留的油迹。
2）菌液制备：无菌操作挑取数环普通变形菌菌落边缘菌体，悬浮于 2mL 无菌水中制成轻度浑浊的菌悬液，不能剧烈振荡。
3）制片：取一滴菌悬液滴到洁净载玻片一端，倾斜玻片，使菌悬液缓慢流向另一端，用吸水纸吸去多余菌悬液，自然干燥。

4）染色：滴加硝酸银染液 A 液覆盖菌膜 3～5min 后，用蒸馏水充分洗去 A 液。用硝酸银染液 B 液洗去残留水分后，再滴加 B 液覆盖菌膜数秒至 1min，其间可用微火加热，当菌膜出现明显褐色时，立即用蒸馏水冲洗，自然干燥。

5）镜检：用油镜镜检观察。

2. Leifson 氏染色法

1）载玻片准备、菌液制备及制片方法同硝酸银染色法。

2）划区：用记号笔在载玻片反面将菌膜区划分成 4 个区域。

3）染色：滴加 Leifson 氏鞭毛染液覆盖第一区菌膜，间隔数分钟后滴加染液覆盖第二区菌膜，以此类推至第四区菌膜。间隔时间根据实验摸索确定，其目的是确定最佳染色时间，一般染色时间大约需要 10min。染色过程中仔细观察，当载玻片出现铁锈色沉淀，染料表面出现金色膜时，立即用水缓慢冲洗，自然干燥。

4）镜检：用油镜镜检观察。

五、注意事项

1．选用适当菌龄的菌种，幼龄菌尚未形成芽孢，而老龄菌芽孢囊已破裂。

2．加热固定要使用载玻片夹子，避免灼伤。加热染色时必须维持在染液微冒蒸汽的状态，加热沸腾会导致菌体或芽孢囊破裂，加热不够则芽孢难以着色。不要将载玻片在火上灼烧时间过长，以免载玻片破裂。

3．脱色必须等待载玻片冷却后进行，否则骤然用冷水冲洗会导致载玻片破裂。

4．在负染法中使用的载玻片必须干净无油迹，否则混合液不能均匀铺开。

5．绘图墨水使用量要很少，否则会完全覆盖菌体和荚膜，难以观察。

6．制片过程中所涉及的固定及干燥步骤均不能加热和用热风吹干，因为荚膜含水量高，加热会使其失水变形。同时，加热会使菌体失水收缩，与细胞周围染料（或绘图墨水）脱离而产生透明的明亮区，导致某些不产荚膜的细菌被误以为有荚膜。

7．使用染料时注意避免沾到衣服上。

六、实验结果

1．绘图并说明枯草芽孢杆菌和球形芽孢杆菌的形态特征（包括芽孢形状、着生位置及芽孢囊形状等）。

2．绘图并说明褐球固氮菌菌体及荚膜的形态特征。

3．绘图并说明普通变形菌菌体及鞭毛的形态特征。

七、思考题

1. 为什么芽孢染色需要进行加热？能否用简单染色法观察到细菌芽孢？
2. 若在制片中仅看到游离芽孢，而很少看到芽孢囊和营养细胞，试分析原因。
3. 用孔雀绿初染芽孢后，为什么必须等载玻片冷却后再用水冲洗？
4. 为什么荚膜染色不用热固定？在负染法荚膜染色中，为什么包裹在菌膜内的菌体着色而荚膜不着色？
5. 在荚膜 Anthony 氏染色法中，硫酸铜的作用是什么？
6. 除鞭毛染色法外，还有什么染色法能观察到鞭毛？
7. 你对自己所做的鞭毛染色结果满意吗？如果不满意，有哪些方面需要改进？如果满意，你的成功经验是什么？
8. 如果你发现鞭毛已与菌体脱离，请解释原因。

实验 8　放线菌的形态和结构

一、实验目的

1. 观察放线菌的各种形态特征。
2. 学习并掌握观察放线菌孢子丝形态特征的几种方法。

二、实验原理

放线菌是指一类主要呈丝状生长和以孢子繁殖的革兰氏阳性菌。放线菌的菌落在培养基上着生牢固，不易被接种针挑取，孢子的存在，常使菌落表面呈粉末状。常见放线菌大多由纤细的丝状细胞组成菌丝体，菌丝内无隔膜。菌丝体分为两部分，即紧贴培养基表面或深入培养基内生长的基内菌丝（简称"基丝"）或营养菌丝，以及由基丝生长到一定阶段还能向空气中生长的气生菌丝（简称"气丝"）。气丝进一步分化产生孢子丝及孢子。孢子丝依种类的不同，有直、波曲、各种螺旋形或分枝状等。孢子常呈圆形、椭圆形或杆形。有的放线菌只产生基丝而无气丝。显微镜直接观察时，气丝在上层、基丝在下层，气丝色暗，基丝较透明。气生菌丝、孢子丝和孢子的形态、颜色常作为放线菌分类的重要依据。

三、实验器材

（1）菌种　　细黄链霉菌（5406 放线菌）（*Streptomyces microflavus*）、灰色链霉菌（*Streptomyces griseus*）、弗氏链霉菌（*Streptomyces fradiae*）。

（2）仪器及用具　　培养皿（90mm）、高氏Ⅰ号培养基、0.1%亚甲蓝染液、苯酚品红染液、显微镜、盖玻片、载玻片、镊子、接种环、酒精灯、涂布棒、玻璃纸、打孔器等。

四、实验步骤

（一）插片法

将5406放线菌的斜面菌种制成10^{-3}的孢子悬液，取一接种环涂抹于制备好的平板培养基上，用无菌涂布棒涂抹均匀。将无菌盖玻片以45°角插入平板内的培养基中（勿插入至培养基底部），盖好皿盖，倒置于28℃恒温箱中培养5~7d，长出孢子后取出培养皿，用镊子小心取出培养皿中的盖玻片，擦去背面附着的培养物，有菌面向下，轻放盖在载玻片上，用低倍镜、高倍镜观察（在载玻片中央先滴加亚甲蓝染液，染色后观察效果更好）。找出3类菌丝及其分生孢子，并绘图。注意放线菌的基内菌丝、气生菌丝的粗细和色泽差异。

插片法用平板培养基不宜太薄，每培养皿应在20mL左右。

（二）玻璃纸法

玻璃纸具有半透膜性，其透光性与载玻片基本相同。将灭菌的玻璃纸覆盖在琼脂平板表面，然后将放线菌接种于玻璃纸上，经培养使放线菌生长在玻璃纸上。在洁净载玻片上加一滴水，用剪刀剪取小片玻璃纸，菌面朝上平贴在载玻片的水滴上（勿产生气泡），先用低倍镜观察，再用高倍镜找到适宜部位仔细观察。

注意区分5406菌的基内菌丝、气生菌丝和弯曲状或螺旋状的孢子丝。观察时注意把视野调暗。

（三）印片染色法

1）接种培养：用高氏Ⅰ号琼脂平板培养基，常规划线接种或点种，28℃培养4~7d。

2）印片：为了不打乱孢子的排列情况，将菌落或菌苔先印在载玻片上，经染色后观察。

方法1：用小刀将平板上的菌苔连同培养基切下一小块，菌面朝上放在一载玻片上。取另一载玻片对准菌苔轻轻按压（切勿滑动培养物，否则会打乱自然形态），使孢子丝和孢子印在后一载玻片上。

方法2：用镊子取洁净载玻片并微微加热，然后用此微热载玻片盖在长有5406菌或棘孢小单孢菌的平皿上，轻轻压一下，注意将载玻片垂直放下和取出，以防载玻片水平移动而破坏放线菌的自然形态。

3）固定：将印有孢子丝和孢子的涂面朝上，通过酒精灯火焰 2～3 次，加热固定。

4）染色：用苯酚品红染液染色 1min 后水洗晾干。

5）镜检：从低倍镜到高倍镜，最后用油镜观察孢子丝、孢子的形态及孢子排列情况。区别基内菌丝、气生菌丝、孢子丝及孢子的形态、粗细和颜色的差异。

五、注意事项

1．培养放线菌时要注意，放线菌的生长速度较慢，培养期较长，在操作过程中应特别注意无菌操作，严防杂菌污染。

2．玻璃纸法培养接种时注意玻璃纸与平板琼脂培养基间不应有气泡，以免影响其表面放线菌的生长。

3．印片时不要用力过大而压碎琼脂，更不要滑动培养物，以免改变放线菌孢子丝和孢子的自然形态。

六、实验结果

绘图说明你所观察到的各种放线菌的形态特征并注明各部分名称。

七、思考题

1．放线菌与细菌的主要形态学区别有哪些？

2．放线菌是否属于原核微生物？

3．为什么在培养基上放了玻璃纸后放线菌仍能生长？玻璃纸法可否用于其他微生物？为什么？

实验 9　酵母菌的形态观察

一、实验目的

1．观察酵母菌的形态及出芽方式。

2．掌握区分酵母菌死细胞与活细胞的实验方法。

3．学习酵母假菌丝、子囊孢子的培养及观察方法。

二、实验原理

酵母菌是单细胞微生物，细胞核与细胞质有明显的分化，个体直径比细菌大 10 倍左右，多为圆形或椭圆形。酵母菌的繁殖方式也较复杂，无性繁殖主要是出芽生殖。有的在特殊条件下能形成假菌丝，有性繁殖是通过接合产生子囊孢子。

用亚甲蓝水浸片和水-碘水浸片不仅可观察酵母的形态和出芽生殖方式，还可以区分死细胞与活细胞。亚甲蓝是一种无毒性染料，它的氧化型是蓝色的，而还原型是无色的。活细胞新陈代谢旺盛，还原力强，能使亚甲蓝从蓝色的氧化型变为无色的还原型，所以酵母的活细胞染色后呈无色，而对于死细胞或代谢缓慢的老细胞，则因它们无此还原能力或还原能力极弱，而被亚甲蓝染成蓝色或淡蓝色。

酵母菌子囊孢子的形成与否及其数量和形状，是鉴定酵母菌的依据之一。在酵母菌的生活史中存在着单倍体阶段和双倍体阶段，这两个阶段的长短因菌种不同而有差异。在一般情况下，它们都持续地以出芽方式进行生长和繁殖。但如果将双倍体细胞移到适宜的产孢培养基上，其染色体就会发生减数分裂，形成含4个子核的细胞，原来的双倍体细胞即为子囊，而4个子核最终发展成子囊孢子。将单倍体的子囊逐个分离出来，经无性繁殖后即成为单倍体细胞。将酿酒酵母从营养丰富的培养基上移接到麦氏培养基（葡萄糖-乙酸钠培养基）上，于适宜温度下培养即可诱导其子囊孢子的形成。

三、实验器材

（1）菌种和染液　　酿酒酵母（*Saccharomyces cerevisiac*）、热带假丝酵母（*Candida tropicalis*）。0.05%、0.1%吕氏碱性亚甲蓝染液，碘液，5%孔雀绿染液，0.5%番红染液，95%乙醇，豆芽汁琼脂斜面，麦氏琼脂斜面。

（2）仪器及用具　　显微镜、载玻片、盖玻片、擦镜纸、接种环等。

四、实验步骤

1. 亚甲蓝浸片观察

1）在载玻片中央加一滴0.1%吕氏碱性亚甲蓝染液，液滴不可过多或过少，以免盖上盖玻片时，溢出或留有气泡。然后按无菌操作取出在豆芽汁琼脂斜面上培养48h的酿酒酵母少许，放在吕氏碱性亚甲蓝染液中，使菌体与染液混合均匀。

2）用镊子夹盖玻片一块，小心地盖在液滴上。盖片时应注意，不能将盖玻片平放下去，应先将盖玻片的一边与液滴接触，然后将整个盖玻片慢慢放下，这样可以避免产生气泡。

3）将制好的水浸片放置3min后镜检。先用低倍镜观察，然后换用高倍镜观察酿酒酵母的形态和出芽情况，同时可以根据是否染上颜色来区别死细胞与活细胞。

4）染色30min后，再观察死细胞数是否增加。

细胞的计数：在一个视野里计数死细胞和活细胞，共计数 5～6 个视野，最后取平均数。

死亡率的计算：死亡率＝死细胞总数/（死细胞总数＋活细胞总数）×100%。

5）用 0.05%吕氏碱性亚甲蓝染液重复上述操作。

2．水-碘浸片观察

在载玻片中央滴一滴革兰氏染色用的碘液，然后再在其上加三滴水，取酿酒酵母少许，放在水-碘液滴中，使菌体与溶液混匀，盖上盖玻片后镜检。

3．假菌丝的培养与观察

将热带假丝酵母菌划线接种在麦芽汁平板上，并在划线处盖上盖玻片，置于 28～30℃培养 2～3d。将盖玻片取出，斜置轻放盖在滴有液滴的载玻片上。在低倍镜和高倍镜下观察呈树枝状分枝的假菌丝细胞的形态和大小。

4．子囊孢子的培养及观察

将酿酒酵母用新鲜麦芽汁琼脂斜面活化 2～3 代后，转接于麦氏斜面培养基上，于 25～28℃培养 5～7d，即可形成子囊孢子。取少许子囊孢子培养物制片，干燥固定后滴加孔雀绿染液 1min，弃去染液，用 95%乙醇脱色 30s，水洗，最后加番红染液染色 30s，用吸水纸吸干。油镜镜检观察，子囊孢子呈绿色，菌体和子囊呈粉红色。也可不经染色直接制水浸片观察。水浸片中的酵母菌的子囊为圆形大细胞，内有 2～4 个圆形的小细胞即子囊孢子。

五、注意事项

1．染液不宜过多或过少，否则在盖上盖玻片时，菌液会溢出或出现大量气泡而影响观察。

2．盖玻片不宜平着放下，以免产生气泡影响观察。

3．在产孢培养基（即以乙酸盐为唯一或主要碳源，缺乏氮源的培养基）上加大接种量，可提高子囊形成率。

六、实验结果

根据你所观察到的吕氏碱性亚甲蓝染液浓度及作用时间与酿酒酵母死细胞、活细胞数量变化的情况，填写结果记录（表 9-1）。

表 9-1　实验结果记录表

吕氏碱性亚甲蓝浓度及作用时间	0.1%		0.05%	
	3min	30min	3min	30min
每视野活细胞数/个				
每视野死细胞数/个				

七、思考题

1. 亚甲蓝染液浓度及作用时间与酿酒酵母死细胞、活细胞比例变化是否有关系？试分析原因。
2. 实验中你是否观察到酿酒酵母的子囊孢子？若未观察到，试分析原因。
3. 热带假丝酵母菌生成的菌丝为什么叫假菌丝？与真菌丝有何区别？

实验 10　霉菌的形态观察

一、实验目的

1. 学习制备观察霉菌形态的基本方法。
2. 了解 4 类常见霉菌的基本形态结构。
3. 学习接合孢子的培养和形态观察方法。

二、实验原理

霉菌营养体的分枝丝状体，分为基内菌丝和气生菌丝。气生菌丝又可分化出繁殖丝。不同霉菌的繁殖丝可形成不同的孢子。霉菌的个体比细菌和放线菌大得多，故用低倍镜即可观察，常用的观察方法有直接制片观察法、载玻片湿室培养观察法和玻璃纸透析培养观察法（同放线菌形态观察法）三种。

霉菌菌丝较粗大，细胞易收缩变形，且孢子易飞散，故在直接制片观察时常用乳酸苯酚棉蓝染液。其优点是：细胞不变形，苯酚具有杀菌防腐作用，且不易干燥，能保持较长时间，还能防止孢子飞散。棉蓝可使菌体着色反差增强，使物象更清楚。用树胶封片后可制成永久标本长期保存。

接合孢子是霉菌产生的一种有性孢子，由两种性别不同的菌丝特化的配子囊接合而成，分为同宗接合或异宗接合，根霉的接合孢子属于异宗接合，将根霉两种不同性别（分别记为"＋"和"－"）的菌株接种在同一琼脂平板上，经一定时间培养，即可形成接合孢子。

三、实验器材

（1）菌种和培养基　　产黄青霉（*Penicillium chrysogenum*）、黑曲霉（*Aspergillus niger*）、根霉（*Rhizopus* sp.）、毛霉（*Mucor* sp.）的斜面菌种，葡枝根霉（*Rhizopus stolonifer*）或蓝色梨头霉（*Absidia coerulea*）的"＋""－"菌株，马铃薯琼脂培养基或查氏培养基。

（2）试剂　　乳酸苯酚棉蓝染液、20%甘油、50%乙醇。

（3）仪器及用具　　培养皿、载玻片、盖玻片、无菌吸管、U 形玻璃棒、镊子、解剖刀、解剖针、接种环、显微镜等。

四、实验步骤

1. 载玻片湿室培养观察法

1）准备湿室：在培养皿内铺一张圆形滤纸片，其上放一 U 形玻璃棒，在玻璃棒上放一洁净载玻片和两块盖玻片（图 10-1），用纸包扎经 121℃湿热灭菌 30min 后，置 60℃烘箱中烘干备用。

2）琼脂块的制作：取已灭菌的查氏琼脂培养基约 8mL 注入另一灭菌培养皿中，凝固成薄层。用解剖刀分别切 0.5~1cm^2 的培养基两块，然后置于上述湿室中载玻片两端。

3）接种：用解剖针挑取极少量的孢子接种于培养基块的边缘，用无菌镊子将盖玻片覆盖在培养基块上。

4）倒保湿剂：每培养皿倒入约 3mL 20%无菌甘油，使培养皿底滤纸完全湿润，以保持培养皿内的湿度。盖上培养皿盖并注明菌名、组别和接种日期。

5）培养：将制成的载玻片湿室置于 28℃恒温培养 4~5d。

6）镜检：根据需要可在不同的培养时间内取出湿室载玻片置于低倍镜和高倍镜下观察各种霉菌不同时期的形态特征（图 10-2~图 10-4）。重点观察菌丝是否分隔，曲霉的足细胞、分生孢子梗、顶囊、小梗及分生孢子着生状况，根霉和毛霉的孢子囊和孢囊孢子，曲霉和青霉的分生孢子形成特点等。

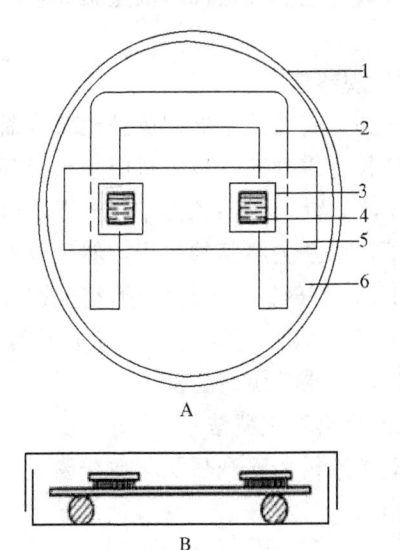

图 10-1 载玻片培养观察法示意图
A. 俯视图；B. 剖面图
1. 培养皿；2. U 形玻璃棒；3. 盖玻片；
4. 培养物；5. 载玻片；6. 保湿用滤纸

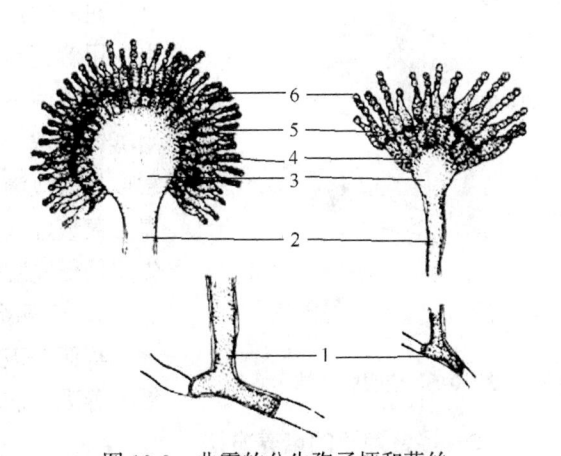

图 10-2 曲霉的分生孢子梗和菌丝
1. 足细胞；2. 分生孢子梗；3. 顶囊；
4. 初生小梗；5. 次生小梗；6. 分生孢子

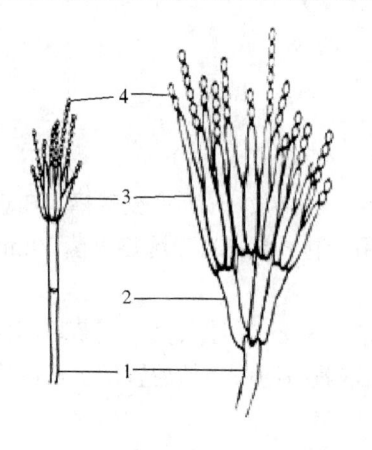

图 10-3 青霉
1. 分生孢子梗；2. 梗基；
3. 小梗；4. 分生孢子

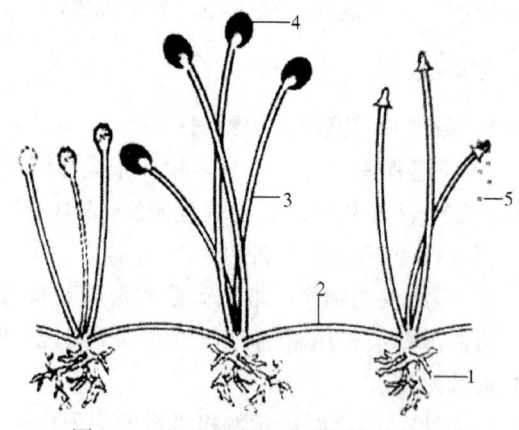

图 10-4 根霉的分生孢子梗和菌丝
1. 假根；2. 匍匐菌丝；3. 孢囊梗；
4. 孢子囊；5. 孢囊孢子

2. 透明胶带法

滴一滴乳酸苯酚棉蓝染液于载玻片上，用食指与拇指粘在一段透明胶带两端，使透明胶带呈 U 形，胶面朝下（图 10-5）。将透明胶带胶面轻轻触及黑曲霉或黑根霉菌落表面。将粘在透明胶带上的菌体浸入载玻片上的乳酸苯酚棉蓝染液中，镜检观察。

3. 制水浸片观察法

在载玻片上加一滴乳酸苯酚棉蓝染液或蒸馏水，用解剖针从长有霉菌的平板中挑取少量带有孢子的霉菌菌丝，先置于 50%乙醇中浸一下，再用蒸馏水洗一下，以洗去脱落的孢子，然后放入载玻片的液滴中，用解剖针仔细地将菌丝分散开。盖上盖玻片（勿产生气泡，且不要移动盖玻片），先用低倍镜观察，必要时换高倍镜。

4. 玻璃纸透析培养观察法

霉菌的玻璃纸透析培养观察法与放线菌玻璃纸培养观察法相似。

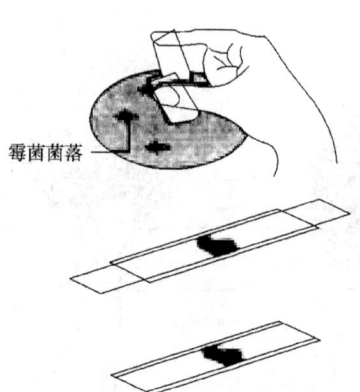

图 10-5 透明胶带法示意图

5. 接合孢子的培养方法

（1）制平板　　以无菌操作将熔化的培养基以每培养皿 15mL 倒入灭菌的培养皿中。

（2）接种　　平板凝固后接种。在培养皿背面划一条中心线，用灭菌接种钩取蓝犁头霉"＋"菌株和"－"菌株少许分别在线两侧划线接种。

（3）培养　　将接种好的平板置于25～28℃条件下培养4～5d后观察。

（4）观察　　肉眼观察，一般接种第2天就能观察到平板上"＋"菌株和"－"菌株的菌丝各自向两侧生长的现象，而当培养至4～5d时可见到异性菌株间有一条黑色的接合孢子囊带。

显微镜观察内容包括以下两方面。

1）培养物直接观察：打开培养皿盖，在接合孢子囊带上压一块载玻片，轻轻按一下，使载玻片贴近接合孢子囊层，然后将此平板生长物直接置于显微镜载物台上观察接合孢子囊带的不同部位，以了解蓝色犁头霉的"＋"菌株和"－"菌株形成接合孢子囊的过程。

2）培养物制片与观察：用无菌解剖针挑取蓝色犁头霉的"＋"菌株和"－"菌株所形成的接合孢子囊不同部位的生长物，用乳酸苯酚棉蓝染液制作临时封片，观察蓝色犁头霉的"＋"菌株和"－"菌株形成接合孢子囊及其生长不同阶段的特征。

五、注意事项

1. 琼脂块的制作过程应注意无菌操作。进行霉菌制片时减少空气流动，避免吸入孢子。

2. 载玻片培养时，尽可能将分散的孢子接在琼脂块边缘，且量要少，以免培养后菌丝过于稠密而影响观察。

3. 载玻片需清洁干净，无油渍。制片时尽可能保持霉菌自然生长状态，加盖片时勿产生气泡和移位。

4. 菌种在接合培养前要活化2～3代，两菌之间要留有距离，每次接种后都要灼烧接种钩。

六、实验结果

1. 绘制4种霉菌的形态图，并注明各部位。
2. 绘出蓝色犁头霉接合孢子形态图，并注明配子囊、接合孢子的名称。

七、思考题

1. 细菌、放线菌、酵母菌、霉菌的菌落特征如何识别？以上4类菌在制片方法上有何特点？
2. 总结所观察的4种霉菌的区别（包括菌丝有隔情况、繁殖方式等）。
3. 接合孢子主要分布在平板培养基的哪个部位？为什么？

实验 11　微生物大小的测定

一、实验目的

1. 掌握用显微测微尺测量微生物大小的基本方法。
2. 增强对微生物细胞大小的感性认识。

二、实验原理

微生物细胞大小是微生物形态特征和分类鉴定的依据之一。由于菌体很小，只能在显微镜下测量。用来测量微生物细胞大小的工具有目镜测微尺和镜台测微尺。

镜台测微尺（图 11-1A）是中央部分刻有精确等分线的载玻片。一般将 1mm 等分为 100 格（或将 2mm 等分为 200 格），每格长度等于 0.01mm（即 10μm），是专用于校正目镜测微尺每格长度的。

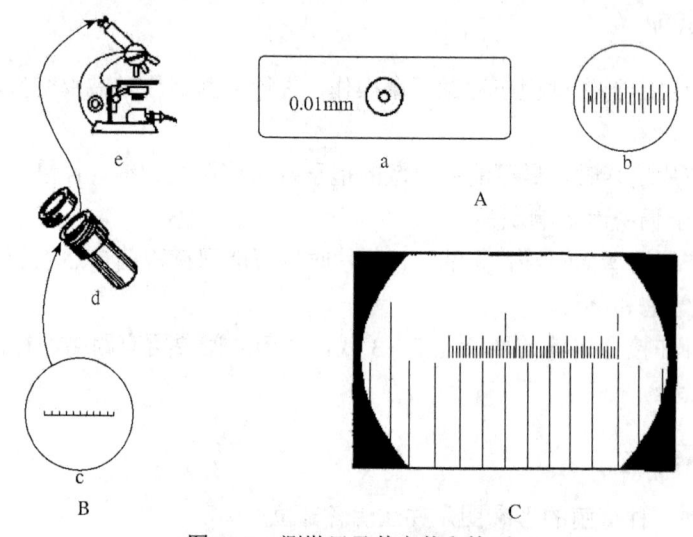

图 11-1　测微尺及其安装和校正
A. 镜台测微尺（a）及其中央部分的放大（b）；
B. 目镜测微尺（c）及其安装在目镜（d）上再装在显微镜（e）上的方法；
C. 镜台测微尺校正目镜测微尺时的情况

目镜测微尺（图 11-1B）是一块可放在目镜内隔板上的圆形小玻片，其中央刻有精确的刻度，有等分 50 小格或 100 小格两种，每 5 小格间有一长线相隔。由于所用目镜放大倍数和物镜放大倍数不同，目镜测微尺每小格所代表的实际长度也就不同。因此，目镜测微尺不能直接用来测量微生物的大小，在使用前必须用镜台测微尺进行校正，以求得在一定放大倍数的目镜和物镜下该目镜测微尺每小格的相对值，然后才可用来测量微生物的大小。

三、实验器材

（1）菌种　　金黄色葡萄球菌（*Staphylococcus aureus*）、枯草芽孢杆菌（*Bacillus subtilis*）和迂回螺菌（*Spirillum volutans*）的染色玻片标本。

（2）溶液和试剂　　香柏油、二甲苯。

（3）仪器及用具　　镜台测微尺、目镜测微尺、光学显微镜、擦镜纸和软布等。

四、实验步骤

1. 目镜测微尺的安装

取出目镜，旋开目镜透镜，将目镜测微尺的刻度朝下放在目镜筒内的隔板上，然后旋上目镜，最后将此目镜插入镜筒。

2. 校正目镜测微尺

1）将镜台测微尺置于显微镜的载物台上，使刻度面朝上。

2）先用低倍镜观察，对准焦距，当看清镜台测微尺后，转动目镜，使目镜测微尺的刻度与镜台测微尺的刻度平行，移动推动器，使目镜测微尺和镜台测微尺的某一区间的两对刻度线完全重合，然后计数出两对重合线之间目镜测微尺和镜台测微尺各自所占的格数（图11-1C）。通过如下公式换算出目镜测微尺每小格所代表的实际长度。

$$目镜测微尺每小格长度（\mu m）=\frac{两对重合线间镜台测微尺格数\times 10}{两对重合线间目镜测微尺格数}$$

同法校正在高倍镜和油镜下目镜测微尺每小格所代表的长度。

3. 菌体大小的测定

目镜测微尺校正后，移去镜台测微尺，换上枯草芽孢杆菌染色玻片标本，校正焦距使菌体清晰，转动目镜测微尺（或转动染色标本），测出枯草芽孢杆菌的长和宽各占几小格，将测得的格数乘以目镜测微尺每小格所代表的长度，即可换算出此单个菌体的大小值，在同一涂片上需测定10～20个菌体，求出其平均值，才能代表该菌的大小。而且一般是用对数生长期的菌体来进行测定。同一种群中的不同细菌细胞之间也存在个体差异，因此在测定每一种细菌细胞的大小时应至少随机选择10个细胞进行测量，然后计算平均值。

金黄色葡萄球菌只需测量其细胞的宽度（直径），而枯草芽孢杆菌和迂回螺菌应分别测量细胞的宽度和长度，但应注意对杆菌可测量细胞的直接长度，而对螺菌测量的应是菌体两端的距离而非细胞实际长度。

4. 整理

测定结束后，取出目镜测微尺，将目镜放回镜筒，再将目镜测微尺和镜台测微尺分别用擦镜纸擦拭后，放回盒内保存。还原并清洁显微镜。

五、注意事项

1. 目镜测微尺很轻、很薄，在取放时应特别注意防止其跌落而损坏。观察时光线不宜过强，否则难以找到镜台测微尺的刻度；换高倍镜和油镜校正时，务必十分细心，防止物镜压坏镜台测微尺和损坏镜头。

2. 使用镜台测微尺进行校正时，若一时无法直接找到测微尺，可先对刻尺外的圆圈线进行准焦后再通过移动标本推进器进行寻找。

3. 进行细菌细胞大小测定时一般应尽量使用油镜，以减少误差。

4. 细菌在不同的生长时期细胞大小有时会有较大变化，应注意选择处于对数生长期的菌体细胞材料来测定。

六、实验结果

1. 将目镜测微尺校正结果填入表 11-1 中。

表 11-1　目镜测微尺校正结果

物镜	物镜倍数	目镜测微尺格数	镜台测微尺格数	目镜测微尺每格代表的长度/μm
低倍镜				
高倍镜				
油镜				

目镜放大倍数：_____

2. 将各菌测定结果填入表 11-2～表 11-4 中。

表 11-2　金黄色葡萄球菌大小测定结果

	1	2	3	4	5	6	7	8	9	10	平均值
直径（宽度）/μm											

表 11-3　枯草芽孢杆菌大小测定结果

	1	2	3	4	5	6	7	8	9	10	平均值
宽度/μm											
长度/μm											

表 11-4　迂回螺菌大小测定结果

	1	2	3	4	5	6	7	8	9	10	平均值
宽度/μm											
长度/μm											

3．用表 11-5 对各菌测定结果进行计算和表述。

表 11-5　各菌测定结果

细菌名称	目镜测微尺每格代表的长度/μm	目镜测微尺平均格数/μm 宽	目镜测微尺平均格数/μm 长	菌体大小
金黄色葡萄球菌				
枯草芽孢杆菌				
大肠杆菌				

七、思考题

1．为什么更换不同放大倍数的目镜或物镜时，必须用镜台测微尺重新对目镜测微尺进行校正？

2．在不改变目镜和目镜测微尺，而改用不同放大倍数的物镜来测定同一细菌的大小时，其测定结果是否相同？为什么？

第三章　微生物的纯培养技术

实验 12　培养基的配制

培养基是按照微生物生长繁殖或积累代谢产物所需要的各种营养物质，用人工的方法配制而成的营养物质。不同的微生物其细胞组成成分不同，所需的营养基质不同；培养微生物的目的不同，营养物质的来源不同，对培养基的配制要求也不同。因此，为了适应教学、科研和生产的需要，就必须合理地选择特定的营养配比。

由于微生物具有不同的营养类型，对营养物质的要求也各不相同，加之实验和研究的目的不同，因此培养基的种类很多，使用的原料也各有差异，但从营养角度分析，培养基中一般含有微生物所必需的碳源、氮源、无机盐、生长素及水分等。另外，培养基还应具有适宜的 pH、一定的缓冲能力、一定的氧化还原电位及合适的渗透压。

一、培养基的配制原则

1. 选择适宜的营养物质

总体而言，所有微生物生长繁殖均需要培养基含有碳源、氮源、无机盐、生长因子及水，但由于微生物营养类型复杂，不同微生物对营养物质的需求是不一样的，因此首先要根据不同微生物的营养需求配制针对性强的培养基。自养型微生物能将简单的无机物合成自身需要的糖类、脂类、蛋白质、核酸、维生素等复杂的有机物，因此培养自养型微生物的培养基完全可以（或应该）由简单的无机物组成。

就微生物主要类型而言，有细菌、放线菌、酵母菌、霉菌、原生动物、藻类及病毒之分，培养它们所需的培养基各不相同。在实验室中常用牛肉膏蛋白胨培养基（或简称普通肉汤培养基）培养细菌，用高氏Ⅰ号合成培养基培养放线菌，培养酵母菌一般用麦芽汁培养基，培养霉菌则一般用查氏培养基。

2. 营养物质浓度及配比合适

培养基中营养物质浓度合适时微生物才能生长良好，营养物质浓度过低时不能满足微生物正常生长所需，浓度过高时则可能对微生物生长起抑制作用。例如，高浓度糖类物质、无机盐、重金属离子等不仅不能维持和促进微生物的生长，反而起到抑菌或杀菌作用。另外，培养基中各营养物质之间的浓度配比也直接影响微生物的生长繁殖和（或）代谢产物的形成与积累，其中碳氮比（C/N）的影响较大。严格地讲，碳氮比是指培养基中碳元素与氮元素的物质的量比值，有时也指培养基中还原糖与粗蛋白之比。例如，在利用微生物发酵生产谷氨酸的过程中，培养基碳氮比为4∶1时，菌体大量繁殖，谷氨酸积累少；当培养基碳氮比为3∶1时，菌体繁殖受到抑制，谷氨酸产量则大量增加。

3. 控制pH

培养基的pH必须控制在一定范围内，以满足不同类型微生物的生长繁殖或产生代谢产物。各类微生物生长繁殖或产生代谢产物的最适pH条件各不相同，一般来讲，细菌与放线菌生长的最适pH为7~7.5，酵母菌和霉菌生长的最适pH为4.5~6。值得注意的是，在微生物生长繁殖和代谢过程中，营养物质被分解利用和代谢产物的形成与积累，会导致培养基的pH发生变化，若不对培养基的pH进行控制，往往会导致微生物生长速度下降或代谢产物产量下降。因此，为了维持培养基pH的相对恒定，通常在培养基中加入pH缓冲剂，常用的缓冲剂是一氢磷酸盐和二氢磷酸盐（如KH_2PO_4和K_2HPO_4）组成的混合物。K_2HPO_4溶液呈碱性，KH_2PO_4溶液呈酸性，两种物质的等量混合溶液的pH为6.8。当培养基中酸性物质积累导致H^+浓度增加时，H^+与弱碱性盐结合形成弱酸性化合物，培养基的pH不会过度降低；如果培养基中OH^-浓度增加，OH^-则与弱酸性盐结合形成弱碱性化合物，培养基的pH也不会过度升高。

4. 原料来源的选择

在配制培养基时应尽量利用廉价且易于获得的原料作为培养基成分，特别是在发酵工业中，培养基用量很大，利用低成本的原料更能体现出其经济价值。例如，在微生物单细胞蛋白的工业生产过程中，糖蜜（制糖工业中含有蔗糖的废液）、乳清（乳制品工业中含有乳糖的废液）、豆制品工业废液及黑废液（造纸工业中含有戊糖和己糖的亚硫酸纸浆）等都可作为培养基的原料。再如，工业上的甲烷发酵主要利用废水、废渣作原料，而在我国农村，已推广利用人畜粪便及禾草为原料发酵生产甲烷。另外，大量的农副产品或制品，如米糠、玉米浆、酵母浸膏、酒糟、豆饼、花生饼、蛋白胨等都是常用的发酵工业原料。

5. 灭菌处理

要获得微生物纯培养，必须避免杂菌污染，因此需对所用器材及工作场所进行消毒与灭菌。对于培养基而言，更是要进行严格的灭菌。对培养基一般采取高压蒸汽灭菌，一般培养基用$1.05kg/cm^2$、121.3℃维持15~30min可达到灭菌目的。在高压蒸汽灭菌过程中，长时间高温会使某些不耐热物质遭到破坏，如使糖类物质形成氨基糖、焦糖，因此含糖培养基常在$0.56kg/cm^2$、112.6℃条件下维持15~30min进行灭菌，某些对糖类要求较高的培养基，可先将糖进行过滤除菌或间歇灭菌，再与其他已灭菌的成分混合；长时间高温还会引起磷酸盐、碳酸盐与某些阳离子（特别是钙离子、镁离子、铁离子）结合形成难溶性复合物而产生沉淀，因此，在配制用于观察和定量测定微生物生长状况的合成培养基时，常需在培养基中加入少量螯合剂，避免培养基产生沉淀，常用的螯合剂为乙二胺四乙酸（EDTA）。还可以将含钙、镁、铁等离子的成分与磷酸盐、碳酸盐分别进行灭菌，然后再混合，避免形成沉淀；高压蒸汽灭菌后，培养基的 pH 会发生改变（一般使 pH 降低），可根据所培养微生物的要求，在培养基灭菌前后加以调整。

在配制培养基过程中，泡沫的存在对灭菌处理极不利，因为泡沫中的空气形成隔热层，使泡沫中微生物难以被杀死。所以有时需要在培养基中加入消泡沫剂以减少泡沫的产生，或适当提高灭菌温度。

二、培养基的种类

培养基的种类繁多，因考虑的角度不同，可将培养基分成以下一些类型。

1. 根据培养基原料来源不同分类

（1）天然培养基　　天然培养基是指一类利用动植物或微生物体及其提取物制成的培养基，这是一类营养成分既复杂又丰富、难以说出其确切化学组成的培养基，如牛肉膏蛋白胨培养基。天然培养基的优点是营养丰富、种类多样、配制方便、价格低廉；缺点是化学成分不清楚、不稳定。因此，这类培养基只适用于一般实验室中的菌种培养、发酵工业中生产菌种的培养和某些发酵产物的生产等。

常见的天然培养基成分有：麦芽汁、肉浸汁、鱼粉、麸皮、玉米粉、花生饼粉、玉米浆及马铃薯等。实验室中常用的有牛肉膏、蛋白胨及酵母膏等。

（2）合成培养基　　合成培养基又称组合培养基或综合培养基，是一类按微生物的营养要求精确设计后用多种高纯化学试剂配制成的培养基，如高氏Ⅰ号培养基、查氏培养基等。合成培养基的优点是成分精确、重复性高；缺点是价格较贵，配制麻烦，且微生物生长比较一般。因此，通常仅适用于营养、代谢、生理、生化、遗传、育种、菌种鉴定或生物测定等对定量要求较高的研究工作中。

（3）半合成培养基　　半合成培养基又称半组合培养基，指一类主要以化学试剂配制为主，同时还加有某种或某些天然成分的培养基，如培养真菌的马铃薯蔗糖培养基等。严格地讲，凡含有未经特殊处理的琼脂的任何合成培养基，实质上都是一种半合成培养基。半合成培养基特点是配制方便、成本低、微生物生长良好。发酵生产和实验室中应用的大多数培养基都属于半合成培养基。

2. 根据培养基的物理状态不同分类

（1）液体培养基　　呈液体状态的培养基为液体培养基。广泛用于微生物学实验和生产，在实验室中主要用于微生物的生理和代谢研究，以及获取大量菌体，在发酵生产中绝大多数发酵都采用液体培养基。

（2）固体培养基　　呈固体状态的培养基都称为固体培养基。固体培养基中有加入凝固剂后制成的，如加入 2%琼脂、5%～12%明胶和硅胶等凝固剂，其中琼脂最为优良；有直接用天然固体状物质制成的，如培养真菌用的麸皮、大米、玉米粉和马铃薯块培养基；还有在营养基质上覆上滤纸或滤膜等制成的，如用于分离纤维素分解菌的滤纸条培养基。

固体培养基在科学研究和生产实践中具有很多用途，如用于菌种分离、鉴定、菌落计数、检测杂菌、育种、菌种保藏、抗生素等生物活性物质的效价测定及获取真菌孢子等。在食用菌栽培和发酵工业中也常使用固体培养基。

（3）半固体培养基　　半固体培养基是指在液体培养基中加入少量凝固剂（如 0.2%～0.5%的琼脂）而制成的半固体状态的培养基。半固体培养基有许多特殊的用途。例如，可以通过穿刺培养观察细菌的运动能力，进行厌氧菌的培养及菌种保藏等。

3．根据培养基用途不同分类

（1）选择性培养基　　一类根据某微生物的特殊营养要求或其对某些物理、化学因素的抗性而设计的培养基，具有使混合菌样中的劣势菌变成优势菌的功能，广泛用于菌种筛选等领域。

混合菌样中数量很少的某种微生物，如直接采用平板划线或稀释法进行分离，往往因为数量少而无法获得。选择性培养的方法主要有两种，一是利用待分离的微生物对某种营养物的特殊需求而设计的。例如，以纤维素为唯一碳源的培养基可用于分离纤维素分解菌；用液状石蜡来富集分解石油的微生物；用较浓的糖液来富集酵母菌等。二是利用待分离的微生物对某些物理和化学因素具有抗性而设计的。例如，分离放线菌时，在培养基中加入数滴 10%的苯酚，可以抑制霉菌和细菌的生长；在分离酵母菌和霉菌的培养基中，添加青霉素、四环素和链霉素等抗生素可以抑制细菌和放线菌的生长；结晶紫可以抑制革兰氏阳性菌，培养基中加入结晶紫后，能选择性地培养 G^- 菌；7.5% NaCl 可以抑制大多数细菌，但不抑制葡萄球菌，从而选择培养葡萄球菌；德巴利酵母属中的许多种酵母菌和酱油中的酵母菌能耐高浓度（18%～20%）的食盐，而其他酵母菌只能耐受 3%～11%浓度的食盐，所以，在培养基中加入 15%～20%浓度的食盐，即构成耐食盐酵母菌的选择性培养基。马丁氏培养基中加入的孟加拉红和链霉素主要是细菌和放线菌的抑制剂，对真菌无抑制作用，因而真菌在这种培养基上可以得到优势生长，从而达到分离真菌的目的。

（2）鉴别培养基　　一类在成分中加有能与目的菌的无色代谢产物发生显色反应的指示剂，从而达到只需用肉眼辨别颜色就能方便地从近似菌落中找到目的菌落的培养基。最常见的鉴别培养基是伊红亚甲蓝乳糖培养基，即 EMB 培养基。它在饮用水、牛奶的大肠菌群数等细菌学检查和在 *E. coli* 的遗传学研究工作中有着重要的用途。

EMB 培养基中的伊红和亚甲蓝两种苯胺染料可抑制 G^+ 菌和一些难培养的 G^- 菌。在低酸度下，这两种染料会结合并形成沉淀，起着产酸指示剂的作用。因此，试样中多种肠道细菌会在 EMB 培养基平板上产生易于用肉眼识别的多种特征性菌落，尤其是大肠杆菌，因其能强烈分解乳糖而产生大量混合酸，菌体表面带 H^+，故可染上酸性染料伊红，又因伊红与亚甲蓝结合，故使菌落染上深紫色，且从菌落表面的反射光中还可看到绿色金属闪光，其他几种产酸力弱的肠道菌的菌落也有相应的棕色。

属于鉴别培养基的还有：明胶培养基可以检查微生物能否液化明胶；乙酸铅培养基可用来检查微生物能否产生 H_2S 气体等。

选择性培养基与鉴别培养基的功能往往结合在同一种培养基中。例如，上述 EMB 培养基既有鉴别不同肠道菌的作用，又有抑制 G^+ 菌和选择性培养 G^- 菌的作用。

（3）种子培养基　　种子培养基是为了保证在生长中能获得优质孢子或营养细胞的培养基。一般要求氮源、维生素丰富，原料要精。同时应尽量考虑各种营养成分的特性，使 pH 在培养过程中能稳定在适当的范围内，以利于菌种的正常生长和发育。有时，还需加入使菌种能适应发酵条件的基质。菌种的质量关系到发酵生产的成败，所以种子培养基的质量非常重要。

（4）发酵培养基　　发酵培养基是生产中用于供菌种生长繁殖并积累发酵产品的培养基。一般数量较大，配料较粗。发酵培养基中碳源含量往往高于种子培养基。若产物含氮量高，则应增加氮源。在大规模生产时，原料应来源充足，成本低廉，还应有利于下游的分离提取。

本实验以牛肉膏蛋白胨培养基的制备为例来详细说明培养基的制备方法。

牛肉膏蛋白胨培养基的制备

一、实验目的

1. 明确培养基的配制原则。
2. 掌握配制培养基的一般方法和步骤。

二、实验原理

牛肉膏蛋白胨培养基是一种应用最广泛和最普通的细菌基础培养基，含有牛肉膏、蛋白胨和 NaCl。其中牛肉膏为微生物提供碳源、能源、磷酸盐和维生素，蛋白胨主要提供氮源和维生素，而 NaCl 提供无机盐。在配制固体培养基时还需要加入一定量的琼脂粉。琼脂在 96℃时熔化，在 40℃时凝固，通常不被微生物分解利用。固体培养基中琼脂的含量根据琼脂的质量和气温的不同而有所不同。

牛肉膏蛋白胨培养基的配方：牛肉膏 3g，蛋白胨 10g，NaCl 5g，琼脂 15～

20g，水 1000mL，pH 7.4～7.6。

三、实验器材

（1）溶液与试剂　　牛肉膏、蛋白胨、NaCl、琼脂、1mol/L NaOH、1mol/L HCl。

（2）仪器及用具　　试管、锥形瓶、烧杯、量筒、漏斗、乳胶管、弹簧夹、纱布、棉花、牛皮纸、线绳、pH试纸、电炉、台称。

四、实验步骤

（1）称量　　根据用量按比例依次称取各成分，牛肉膏常用玻璃棒挑取，放在小烧杯或表面皿中称量，用热水溶化后倒入烧杯，蛋白胨易吸湿，称量时要迅速。

（2）溶解　　在烧杯中加入少于所需要的水量，加热，逐一加入各成分，使其溶解，琼脂在溶液煮沸后加入，溶解过程需不断搅拌。加热时应注意火力，勿使培养基烧焦或溢出。溶好后，补足所需水分。

（3）调 pH　　用 1mol/L NaOH 或 1mol/L HCl 将 pH 调至所需范围。

（4）过滤　　趁热用滤纸或多层纱布过滤，以利于某些实验结果的观察，如无特殊要求时可省去此步骤。

（5）分装　　按实验要求，可将配制的培养基分装入试管内或锥形瓶内，进行分装；分装时注意，勿使培养基沾染在容器口上，以免沾染棉塞引起污染。

1）液体分装：分装高度以试管高度的 1/4 左右为宜，分装锥形瓶的量则根据需要而定，一般以不超过锥形瓶容积的 1/2 为宜。

2）固体分装：分装试管，其装量不超过管高的 1/5，灭菌后制成斜面，斜面长度不超过管长的 1/2。分装锥形瓶，以不超过容积的 1/2 为宜。

3）半固体分装：装量以试管高度的 1/3 为宜，灭菌后垂直待凝。

（6）加棉塞　　分装完毕后，在试管口或锥形瓶口塞上棉塞（或泡沫塑料塞及试管帽等），以阻止外界微生物进入培养基而造成污染，并保证有良好的通气性能。

（7）包扎　　棉塞头上包一层牛皮纸，扎紧，即可进行灭菌。

（8）灭菌　　高压蒸汽灭菌，121℃灭菌 20min。

（9）摆斜面　　灭菌后摆放斜面（此步骤只有固体培养基试管斜面需要，液体培养基可忽略此步）。

（10）灭菌检查　　灭菌后的培养基放入 37℃养箱中培养 24h，以检验灭菌的效果，无污染方可使用。

五、注意事项

1. 制备容器不宜用铜、铁器皿。因为培养基中含铜量超过 0.30mg/L 或含铁超过 0.14mg/L 就可能影响微生物的正常发育。

2．灭过菌的培养基不宜保存过久，以免营养成分产生化学变化。培养基在储存期间，因能吸收空气中的 CO_2，而使基质变为酸性。所以用储存过久的糖发酵培养基做生理生化实验就可能不出现正确结果。

3．制作平板时，将培养基倾注于培养皿时，培养基应在溶解冷却至45℃±1℃时使用，高于45℃易造成细菌受损死亡。动作应该轻、快，同时又要防止溅溢到培养皿边或盖上，倒平板时应该使用水浴锅避免培养基凝固。在内径为90mm的培养皿内，需倾入 13～15mL 培养基，内径为 70cm 的培养皿内，需要 7～8mL 的培养基，如果制成的琼脂平板表面水分较多，则不利于细菌的分离，可将平板倒扣于37℃的培养箱中约 30min，待平板干后备用。

六、实验结果

检查制备的培养基是否达标。

七、思考题

1．牛肉膏蛋白胨培养基属何种培养基？
2．牛肉膏蛋白胨培养基除了能够培养细菌外，能培养真菌和放线菌吗？为什么？
3．高氏Ⅰ号培养基属何种培养基？除培养放线菌外，还能培养细菌和真菌吗？为什么？

实验 13　消毒与灭菌

实验 13-1　干 热 灭 菌

一、实验目的

1．了解干热灭菌的原理和应用范围。
2．学习干热灭菌的操作技术。

二、实验原理

干热灭菌是利用高温使微生物细胞内的蛋白质凝固变性而达到灭菌的目的。细胞内的蛋白质凝固性与其本身的含水量有关，在菌体受热时，环境和细胞内含水量越大，则蛋白质凝固就越快，反之含水量越少，凝固越慢。因此，与湿热灭菌相比，干热灭菌所需温度要高（160～170℃），时间要长（1～2h），但干热灭菌温度不能超过 180℃，否则，包器皿的纸或棉塞就会焦化，甚至引起燃烧。

三、实验器材

培养皿、试管、吸管、电烘箱等。

四、实验步骤

1) 装入待灭菌物品：将包好的待灭菌物品（培养皿、试管、吸管等）放入电烘箱内，关好箱门。物品不要摆得太挤，以免妨碍空气流通，灭菌物品不要接触电烘箱内壁的铁板，以防包装纸烤焦，甚至起火。

2) 升温：接通电源，拨动开关，打开电烘箱排气孔，旋动恒温调节器至绿灯亮，让温度逐渐上升，当温度升至 100℃ 时，关闭排气孔。在升温过程中，如果红灯熄灭，绿灯亮，表示箱内停止加温，此时如果还未达到所需的 160~170℃ 温度，则需转动调节器使红灯再亮，如此反复调节，直至达到所需温度。

3) 恒温：当温度达到 160~170℃ 时，恒温调节器会自动控制调节温度，保持此温度 2h。干热灭菌过程中，严防恒温调节的自动控制失灵而造成安全事故。

4) 降温：切断电源、自然降温。

5) 开箱取物：待电烘箱内温度降到 70℃ 以下后，打开箱门，取出灭菌物品。电烘箱内温度未降到 70℃，切勿自行打开箱门以免骤然降温导致玻璃器皿炸裂。

五、注意事项

1. 待灭菌的物品干热灭菌前应洗净，以防附着在表面的污物碳化。

2. 玻璃器皿干热灭菌前应洗净并完全干燥，灭菌时勿与电烘箱底、壁直接接触，灭菌后温度降到 70℃ 以下再开箱，以防止炸裂。

3. 温度高于 170℃ 时，有机物会碳化。故有机物品灭菌时，温度不可过高。

六、实验结果

检查所用器材灭菌是否彻底。

七、思考题

1. 在干热灭菌操作过程中应注意哪些问题？为什么？

2. 为什么干热灭菌比湿热灭菌所需要的温度要高，时间要长？请设计干热灭菌和湿热灭菌效果比较实验方案。

实验 13-2　高压蒸汽灭菌

一、实验目的

1. 了解高压蒸汽灭菌的基本原理及应用范围。
2. 学习高压蒸汽灭菌的操作方法。

二、实验原理

高压蒸汽灭菌是将待灭菌的物品放在一个密闭的加压灭菌锅内，通过加热，使灭菌锅隔套间的水沸腾而产生蒸汽。待水蒸气急剧将锅内的冷空气从排气阀中驱尽后关闭排气阀，继续加热，此时由于蒸汽不能溢出，而增加了灭菌锅内的压力，从而使沸点增高，得到高于 100℃的温度。导致菌体蛋白质凝固变性而达到灭菌的目的。

在同一温度下，湿热的杀菌效力比干热大。其原因有三：一是湿热中细菌菌体吸收水分，蛋白质较易凝固，因蛋白质含水量增加，所需凝固温度降低；二是湿热的穿透力比干热大；三是湿热的蒸汽有潜热存在。1g 水在 100℃时，由气态变为液态时可放出 2.26kJ（千焦）的热量。这种潜热，能迅速提高被灭菌物体的温度，从而增加灭菌效力。

三、实验器材

牛肉膏蛋白胨培养基，培养皿（6 套一包），高压蒸汽灭菌锅等。

四、实验步骤

1）高压蒸汽灭菌锅工作前，先接通电源并开启电源开关，控制仪进入工作状态。

2）旋转手轮拉开外桶盖，取出灭菌网篮，取出挡水板。

3）关紧放水阀，在外桶内加入清水，水位至灭菌桶搁脚处（挡水板下）。连续使用时，必须在每次灭菌后补足水量。

4）放回挡水板和灭菌网篮，将待灭菌物品包扎好后，有顺序地放在灭菌网篮内，相互之间留有间隙，有利于蒸汽的穿透，提高灭菌效果。

5）推进外桶盖，使容器盖对准桶口位置。顺时针方向旋转手轮直到关门指示灯灭为止，使容器盖与灭菌桶口平面完全密合，并使连锁装置与齿轮凹处吻合。

6）用橡胶管一端连接在放气管上，另一端插入装有冷水的容器里，关紧手动放气阀（顺时针关紧，逆时针打开）。

7）此时可开始设定温度和灭菌时间，设定方法：按一下"Set"键，用"▲"

"▼"键设定温度(℃),再按一下"Set"键,用"▲""▼"键设定时间(min),再按一下"Set"键,用"▲""▼"键校正温度,再按"Set"键即可进入修改校正温度,如果不输入密码或密码有误,再按一下"Set"键,自动返回到温度显示,完成设定;按一下"Start"键,"Start"指示灯亮,系统正常工作,进入自动控制灭菌过程;若门未关闭,按"Start"键,加热器不工作。

8)在加热升温过程中,当温控仪显示温度小于102℃时,由温控仪控制的电磁阀将自动放气,排出灭菌桶内的冷空气,大于102℃时,自动停止放气,此时如还在大量放气,则手动放气阀未关紧,应及时把它关紧;当高压蒸汽灭菌锅内蒸汽压力(温度)升至所需灭菌压力(温度)时,计时指示灯亮,灭菌开始计时。

9)当设定温度和灭菌时间完成时,电控装置将自动关闭加热电源,"工作"指示灯和"计时"指示灯灭,并伴有蜂鸣声提醒,面板显示"End",此时灭菌结束,待容器内压力因冷却而下降至接近"0"位时,打开容器盖取出样品。

10)将取出的灭菌培养基,需摆斜面的则摆成斜面,然后放入37℃恒温箱培养24h,经检查若无杂菌生长,即可待用。

五、注意事项

1. 在设备使用中,应对安全阀加以维护和检查,当设备闲置较长时间重新使用时,应扳动安全阀上小扳手,检查阀芯是否灵活,防止因弹簧锈蚀影响安全阀起跳。

2. 设备工作时,当压力表指示超过0.165MPa时,安全阀不开启,应立即关闭电源,打开放气阀旋钮,当压力表指针回零时,稍等1~2min,再打开容器盖,并及时更换安全阀。

3. 堆放灭菌物品时,严禁堵塞安全阀的出气孔,必须留出空间保证其畅通放气。

4. 每次使用前必须检查外桶内水量是否保持在灭菌桶搁脚处。

5. 当高压蒸汽灭菌锅持续工作,在进行新的灭菌作业前,应留出5min,并打开上盖让设备充分冷却。

6. 液体灭菌时,应将液体罐装在硬质的耐热玻璃瓶中,以不超过3/4体积为宜,瓶口选用棉花纱塞,切勿使用未开孔的橡胶或软木塞。特别注意:在液体灭菌结束时不准立即释放蒸汽,必须待压力表指针回复到"0"位后方可排放余汽。

7. 对不同类型、不同灭菌要求的物品,如敷料和液体等,切勿放在一起灭菌,以免顾此失彼,造成损失。

8. 取放物品时注意不要被蒸汽烫伤(可戴上棉线手套)。

六、实验结果

检查培养基灭菌是否彻底。

七、思考题

1. 高压蒸汽灭菌开始之前,为什么要将锅内冷空气排尽?灭菌完毕后,为什么待压力降至"0"时才能打开排气阀,开盖取物?
2. 在使用高压蒸汽灭菌锅灭菌时,怎样杜绝一切不安全的因素?
3. 灭菌在微生物学实验操作中有何重要意义?
4. 黑曲霉的孢子与芽孢杆菌的孢子对热的抗性哪个最强?为什么?

实验 13-3　紫外线灭菌

一、实验目的

了解紫外线灭菌的原理和方法。

二、实验原理

紫外线灭菌是利用紫外线灯进行灭菌的一种方法。波长为 200~300nm 的紫外线有杀菌能力,其中以 260nm 的杀菌力最强。在波长一定的条件下,紫外线的杀菌效率与强度和时间的乘积成正比。紫外线杀菌机制主要是因为它诱导了胸腺嘧啶二聚体的形成和 DNA 链的交联,从而抑制了 DNA 的复制。另外,由于辐射能使空气中的氧电离成 [O],再使 O_2 氧化生成臭氧(O_3)或使水(H_2O)氧化生成过氧化氢(H_2O_2)。O_3 和 H_2O_2 均有杀菌作用。紫外线穿透力不大,所以,只适用于无菌室、接种箱、手术室内的空气及物体表面的灭菌。紫外线灯距照射物以不超过 1.2m 为宜。

此外,为了加强紫外线灭菌效果,在打开紫外灯以前;可在无菌室内(或接种箱内)喷洒 3%~5%苯酚溶液,一方面使空气中附着有微生物的尘埃降落,另一方面也可以杀死一部分细菌。无菌室内的桌面、凳子可用 2%~3%的来苏水擦洗,然后再开紫外线灯照射,即可增强杀菌效果,达到灭菌目的。

三、实验器材

（1）培养基　　牛肉膏蛋白胨平板培养基。
（2）溶液或试剂　　3%~5%苯酚溶液、2%~3%来苏水。
（3）仪器及用具　　紫外线灯。

四、实验步骤

1. 单用紫外线照射

1）在无菌室内或在接种箱内打开紫外线灯，照射 30min。

2）将牛肉膏蛋白胨平板培养基的盖打开 15min，然后再盖上。置 37℃培养 24h。共做三套。

3）检查每个平板上生长的菌落数。如果不超过 4 个，说明灭菌效果良好，否则，需延长照射时间或同时加强其他措施。

2. 化学消毒剂与紫外线照射结合使用

1）在无菌室内，先喷洒 3%～5%的苯酚溶液，再用紫外线灯照射 15min。

2）无菌室内的桌面、凳子用 2%～3%来苏水擦洗，再打开紫外线灯照射 15min。

3）检查灭菌效果：因紫外线对眼结膜及视神经有损伤作用，对皮肤有刺激作用，故不能直视紫外线灯也不可在紫外线灯下工作。

五、注意事项

1．用紫外线对清洁室内空气进行灭菌时。房间内应保持清洁干燥，减少尘埃和水雾，温度低于 20℃或高于 40℃，相对湿度大于 60%时应适当延长照射时间。

2．用紫外线消毒物品表面时，应使照射表面受到紫外线的直接照射，且应达到足够的照射剂量。

3．不得使紫外线光源照射人，以免引起损伤。

六、实验结果

将实验结果填入表 13-1。

表 13-1 结果记录表

处理方法	平板菌落数	灭菌效果比较
紫外线照射		
3%～5%苯酚溶液＋紫外线照射		
2%～3%来苏水＋紫外线照射		

七、思考题

1．细菌营养体细胞和细菌芽孢对紫外线的抵抗力会一样吗？为什么？

2．你知道紫外线灯管是用什么玻璃制作的吗？为什么不用普通灯用玻璃？

3．在紫外线灯下观察实验结果时，为什么要隔一块普通玻璃？

实验 13-4 微孔滤膜过滤除菌

一、实验目的

1. 了解过滤除菌的原理。
2. 掌握微孔滤膜过滤除菌的方法。

二、实验原理

过滤除菌是通过机械作用滤去液体或气体中细菌的方法。根据不同的需要选用不同的滤器和滤板材料。微孔滤膜过滤器由上下两个分别具有出口和入口连接装置的塑料盖盒组成，出口处可连接针头，入口处可连接针筒，使用时将滤膜装入两塑料盖盒之间，旋紧盒盖，当溶液从针筒注入滤器时，此滤器将各种微生物阻留在微孔滤膜上面，从而达到除菌的目的。根据待除菌溶液量的多少，可选用不同大小的滤器。此法除菌的最大优点是可以不破坏溶液中各种物质的化学成分，但由于滤量有限，因此一般只适用于实验室中小量溶液的过滤除菌。

三、实验器材

（1）培养基 2%葡萄糖溶液、牛肉膏蛋白胨平板培养基。
（2）仪器及用具 注射器、微孔过滤器、0.22μm 滤膜、无菌试管、镊子、玻璃涂布棒。

四、实验步骤

1）组装灭菌：将 0.22μm 孔径的滤膜装入清洗干净的微孔过滤器中，旋紧压平，包装灭菌后待用（0.1MPa，121℃灭菌 20min）。

2）连接：将灭菌微孔过滤器的入口在无菌条件下，以无菌操作方式连接于装有待滤溶液（2%葡萄糖溶液）的注射器上，将针头与出口处连接并插入带橡皮塞的无菌试管中。

3）压滤：将注射器中的待滤溶液加压缓缓挤入，过滤到无菌试管中，滤毕，将针头拔出。压滤时，用力要适当，不可太猛太快，以免细菌被挤压通过滤膜。

4）无菌检查：无菌操作吸取除菌滤液 0.1mL 于牛肉膏蛋白胨平板培养基上，涂布均匀，置 37℃温室中培养 24h，检查是否有菌生长。

5）清洗：弃去微孔过滤器上的滤膜，将微孔过滤器清洗干净，并换上一张新的滤膜，组装包扎，再经无菌操作后使用。

五、注意事项

1. 整个过程应在严格无菌条件下进行，以防污染。
2. 过滤时应避免各连接处出现渗透现象。

六、实验结果

记录无菌检查结果。

七、思考题

1. 你做的过滤除菌实验效果如何？如果经培养检查有杂菌生长，你认为是什么原因造成的？
2. 如果你需要配制一种含有某抗生素的牛肉膏蛋白胨培养基，其抗生素的终浓度（或工作浓度）为 50μg/mL，你将如何操作？
3. 过滤除菌应注意哪些问题？

实验 14　微生物的分离纯化与接种技术

一、实验目的

1. 掌握微生物的各种接种技术及培养方法。
2. 掌握微生物纯种的分离法。
3. 树立纯培养技术中的"无菌"概念，掌握无菌操作技术。

二、实验原理

微生物接种是微生物学研究中最常用的基本操作，主要用于微生物的分离纯化和鉴定。具体来说，就是在无菌条件下，用接种环或接种针等专用工具，将微生物或含有微生物的标本用适当的方法转接到适合的培养基中进行培养，从而实现所需微生物的纯化鉴定，获得没有杂菌污染的单纯菌落等的过程。根据不同的实验目的、培养基种类和培养方式，可以采用不同的接种工具和接种方法。

不同的微生物具有不同的培养特性，人工培养微生物时应选用适宜的培养基、接种方法及培养条件。在微生物接种过程中必须注意无菌操作，以避免外界的细菌等微生物污染培养基或培养的微生物污染外界环境。

三、实验器材

（1）培养基　营养琼脂斜面培养基、营养琼脂平板培养基、半固体营养琼脂培养基和营养肉汤培养基。

（2）菌种　　金黄色葡萄球菌（*Staphylococcus aureus*）、大肠杆菌（*Escherichia coli*）、枯草芽孢杆菌（*Bacillus subtilis*）和乙型溶血性链球菌（*Streptococcus haemolyticus*）。

（3）仪器及用具　　恒温培养箱、接种针、接种环（图14-1）、涂布棒、记号笔及酒精灯等。

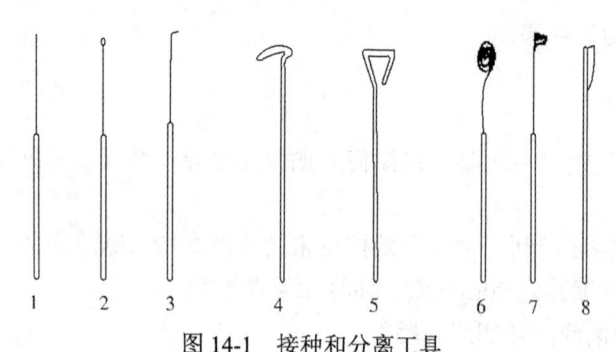

图14-1　接种和分离工具

1. 接种针；2. 接种环；3. 接种钩；4，5. 玻璃涂布棒；6. 接种圈；7. 接种锄；8.小解剖刀

四、实验步骤

（一）固体培养基接种法

1. 琼脂斜面接种法

从已长好微生物的菌种管中挑取少许菌苔接种至空白斜面培养基上。

1）接种前，在距空白斜面培养基试管口2～3cm位置处贴上标签（或用记号笔），注明菌名、接种日期、接种者姓名等。

2）点燃煤气灯或酒精灯，将菌种管及新鲜空白斜面培养基向上，用大拇指和其他四指握在左手中，使中指位于两试管之间的部位，无名指和大拇指分别夹住两试管的边缘，管口齐平，管口稍上斜，使两支试管呈"V"形。试管的两种拿法见图14-2。

3）用右手先将试管帽或棉塞拧转松动，以利接种时拔出。右手拿接种环柄，使接种环直立于氧化焰部位，将金属环烧灼灭菌，然后斜向横持，将接种环金属杆部分来回通过火焰数次。以下操作都要使试管口靠近火焰（即无菌区），见图14-3。

4）用右手小指、无名指和手掌拔下试管帽或棉塞并夹紧，棉塞下部应露在手外，勿放桌上，以免污染。

5）将试管口迅速在火焰上微烧一周。将灼烧过的接种环伸入菌种管内，先将环接触一下没长菌的培养基部分，使其冷却以免烫死菌体。然后用环轻轻取菌少许，将接种环慢慢从试管中抽出。

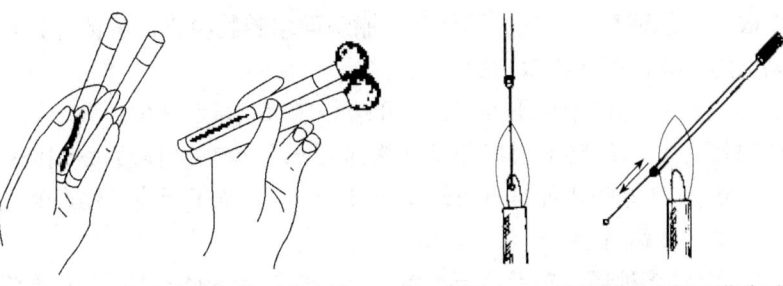

图 14-2　斜面培养基接种时试管的两种拿法　　图 14-3　接种环的火焰灭菌步骤

6）在火焰旁迅速将接种环伸入空白斜面培养基，在斜面培养基上轻轻划线，将菌体接种于其上。划线时由底部划起，划成较密的波浪状线；或由底部向上划一直线，一直划到斜面的顶部。注意勿将培养基划破，不要使菌体沾污管壁（图14-4）。

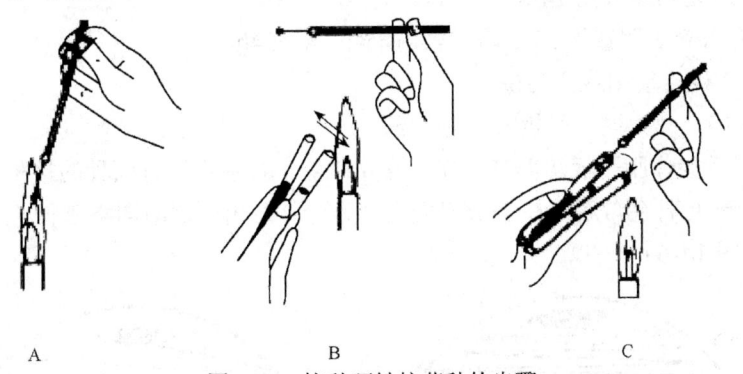

图 14-4　接种环转接菌种的步骤
A. 灼烧接种针；B. 取待转接菌种；C. 转接至新试管

7）将接种环抽出，灼烧管口。
8）塞上棉塞。
9）将接种环经火焰灼烧灭菌。

2. 平板划线分离培养法

平板划线分离培养法根据划线方式不同分为两种，即平板分区划线分离法和平板连续划线分离法。

（1）平板分区划线分离法

1）取营养琼脂平板培养基1个，在培养皿底部标明待接种细菌的名称（金黄色葡萄球菌、大肠杆菌）、接种日期及接种者姓名。

2）点燃酒精灯，右手以执笔式持接种环，在酒精灯外焰上烧灼灭菌。灭菌时应将接种环金属丝部分垂立于酒精灯外焰中烧红，然后旋转金属杆缓慢通过外焰3次，以杀灭其表面的微生物。

3）以右手掌小鱼际肌与小指夹持菌种管棉塞，左手旋转试管使棉塞松开后，右手将棉塞拔出，并将管口迅速通过火焰外焰烧灼灭菌。用冷却后的接种环无菌操作取金黄色葡萄球菌或大肠杆菌琼脂斜面培养物少许。将菌种管管口再次通过火焰烧灼灭菌，塞上棉塞后放回试管架。

4）左手握琼脂平板培养基，打开培养皿盖，靠近酒精灯火焰处，右手将沾有菌种的接种环在琼脂平板培养基上端进行局部涂布接种后，使接种环与平板呈 30°～40°，在平板表面平行滑动接种环划 3～5 条平行线，注意勿划破琼脂培养基，划线区域称 A 区。

5）取出接种环，左手盖上皿盖，将平板转动 60°～70°，右手将接种环的金属丝在酒精灯外火焰中烧灼灭菌，目的是把接种环上多余菌体烧死，将烧红的接种环在平板边缘处冷却，再按以上方法以 A 区划线的菌体为菌源，由 A 区向 B 区做第二次平行划线。第二次划线完毕时再把培养皿转动 60°～70°，同样依次在 C 区、D 区划线（图 14-5）。

6）将培养皿倒置于 37℃培养箱内培养 18～24h。

（2）平板连续划线分离法

步骤 1）～3）同"平板分区划线法"。

4）左手握琼脂平板培养基，打开培养皿盖，右手将沾有菌种的接种环在琼脂平板培养基上端涂布后，在平板表面做"Z"形划线，逐渐向下延伸直至划满整个平板（图 14-6）。

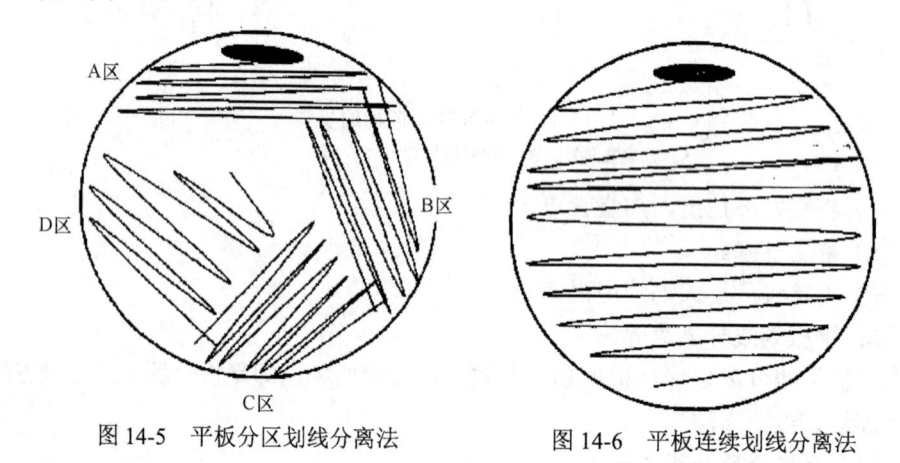

图 14-5　平板分区划线分离法　　图 14-6　平板连续划线分离法

5）划线完毕，盖上培养皿盖，将接种环烧灼灭菌并放回试管架。将培养皿倒置于 37℃培养箱内培养 18～24h。

结果：观察并记录细菌在固体培养基上的生长现象。

（二）半固体培养基接种法

1）取半固体琼脂培养基 2 支，在试管外壁上标记待接种细菌名称（金黄色葡萄球菌、大肠杆菌）、接种日期、操作者姓名等。

2）将接种针在酒精灯外焰上烧灼灭菌。

3）左手握持菌种试管，用右手掌小鱼际肌与小指拔取并夹持棉塞，将管口迅速通过火焰外焰灭菌。

4）用冷却后的接种针无菌操作取金黄色葡萄球菌或大肠杆菌琼脂斜面培养物少许，再次烧灼试管管口灭菌，塞回棉塞后放回试管架。

5）接种时，左手握持半固体营养琼脂培养基试管，用右手掌小鱼际肌与小指拔取并夹持棉塞，将管口烧灼灭菌。将沾有菌苔的接种针垂直刺入半固体培养基的中心（图14-7A），应至距管底约0.5cm处，随即沿穿刺线抽出，管口灭菌后塞好棉塞，接种针同样通过烧灼灭菌后放回试管架。

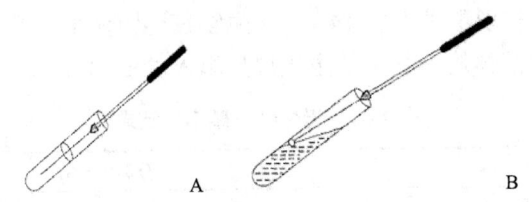

图14-7 半固体培养基（A）及液体培养基（B）接种法

6）将接种物置于37℃培养箱内培养18～24h。观察细菌在半固体培养基上的生长现象，将结果记录于相关表格中。

（三）液体培养基接种法

由斜面菌种接种至液体培养基。

1）取营养肉汤培养基试管3支，在试管外壁上标记接种物名称（金黄色葡萄球菌、枯草芽孢杆菌及乙型溶血性链球菌）、接种日期、操作者姓名等。

2）点燃酒精灯，将接种环在酒精灯外焰上烧灼灭菌。

3）左手握持菌种试管，用右手掌小鱼际肌与小指拔取并夹持棉塞，将管口迅速通过火焰外焰灭菌。用冷却后的接种环无菌操作取金黄色葡萄球菌（枯草芽孢杆菌或乙型溶血性链球菌）少许，注意再次将试管管口烧灼灭菌，塞回棉塞后放回试管架。

4）左手握持营养琼脂肉汤培养基试管，以右手掌小鱼际肌与小指拔取并夹持棉塞，将管口烧灼灭菌。斜持液体培养基试管，将沾菌接种环放在液体培养基表面与试管内壁交界处的玻璃面上，上下移动接种环并轻轻研磨使细菌团充分分散，然后将培养基直立，使细菌均匀混入培养基中，注意不要用力搅动（图14-7B）。接种后，将管口通过火焰灭菌，塞回棉塞；接种环在火焰中灭菌后放回试管架。

5）将接种物置于37℃培养箱内培养18～24h。将结果记录于相关表格中。

五、注意事项

1. 分区划线时，同一区的划线应适当平行，由密至疏，但须防止交叉重复。

一区的划线与上区交叉接触,每区划线间应有一定距离。划线时注意勿划破培养基表面,取出接种环时勿接触试管壁。

2. 接种针应垂直刺入半固体培养基中,并沿穿刺线原路抽出,取出接种环时勿接触试管壁。

3. 接种环挑取细菌后,不宜直接放入液体培养基中,应在接近液面的管壁反复研磨使细菌充分分散。

六、实验结果

1. 观察细菌在各种培养基上的生长现象,将微生物分离培养结果填入表 14-1,琼脂斜面微生物生长现象填入表 14-2,微生物在半固体培养基上的生长现象填入表 14-3,微生物在液体培养基中的生长现象填入表 14-4。

表 14-1　微生物分离培养结果

菌种名称	分离生长情况
金黄色葡萄球菌	
大肠杆菌	

表 14-2　琼脂斜面微生物生长现象

菌种名称	菌种特性					
	大小	形态	颜色	表面	边缘	透明度
金黄色葡萄球菌						
大肠杆菌						

表 14-3　微生物在半固体培养基上的生长现象

菌种名称	生长现象
金黄色葡萄球菌	
大肠杆菌	

表 14-4　微生物在液体培养基中的生长现象

菌种名称	生长现象
枯草芽孢杆菌	
大肠杆菌	
乙型溶血性链球菌	

2. 你所做平板划线实验是否较好地得到了单菌落?如果不是,请分析其原因并重做。

七、思考题

1. 何谓无菌操作？接种前应做哪些准备工作？
2. 总结几种接种方法的要点及应注意的事项。
3. 如何检验平板上某个单菌落是不是纯培养？
4. 试述如何在接种中，贯彻无菌操作的原则。

实验 15　微生物的培养特征

一、实验目的

1. 了解不同微生物在斜面培养基上、半固体培养基和液体培养基中的生长特征。
2. 进一步熟练和掌握微生物无菌操作技术。

二、实验原理

微生物的培养特征是指微生物在固体培养基上、半固体培养基和液体培养基中生长后所表现出的群体形态特征。不同的微生物有固有的培养特征，一般用固体培养基、半固体培养基和液体培养基进行检测。固体培养基又分为平板培养基（简称平板）和斜面培养基（简称斜面）两种形式。

半固体培养基中的穿刺培养，可以沿接种线向四周蔓延生长或仅沿线生长；也可上层生长好，甚至连成一片，底部很少生长；或者上层不生长，而底部生长好（图15-1A）。生长在液体培养基中，可以呈混浊、絮状、黏液状、形成菌膜、上层清晰而底部呈沉淀状（图15-1B）。在平板培养基上主要观察菌落表面结构、形态及边缘等情况（图15-1C）。培养在斜面培养基上，可以呈丝状、刺毛状、念珠状、扩展状、树枝状或假根状。微生物的培养特征还包括菌苔的颜色、表面光滑程度、基质是否产生水溶性色素等。培养特征可以作为微生物分类鉴定的指征之一，并可作为识别纯培养是否被污染的参考。

接种和培养过程中必须保证培养物不被其他微生物所污染。因此，除工作环境要求尽可能地避免或减少杂菌污染外，熟练地掌握各种无菌操作接种技术也是很重要的。

三、实验器材

（1）菌种及培养基　　金黄色葡萄球菌（*Staphylococcus aureus*）、大肠杆菌（*Escherichia coli*）、枯草芽孢杆菌（*Bacillus subtilis*）和乙型溶血性链球菌（*Streptococcus haemolyticus*），牛肉膏蛋白胨培养基（平板、斜面、液体、半固体）。

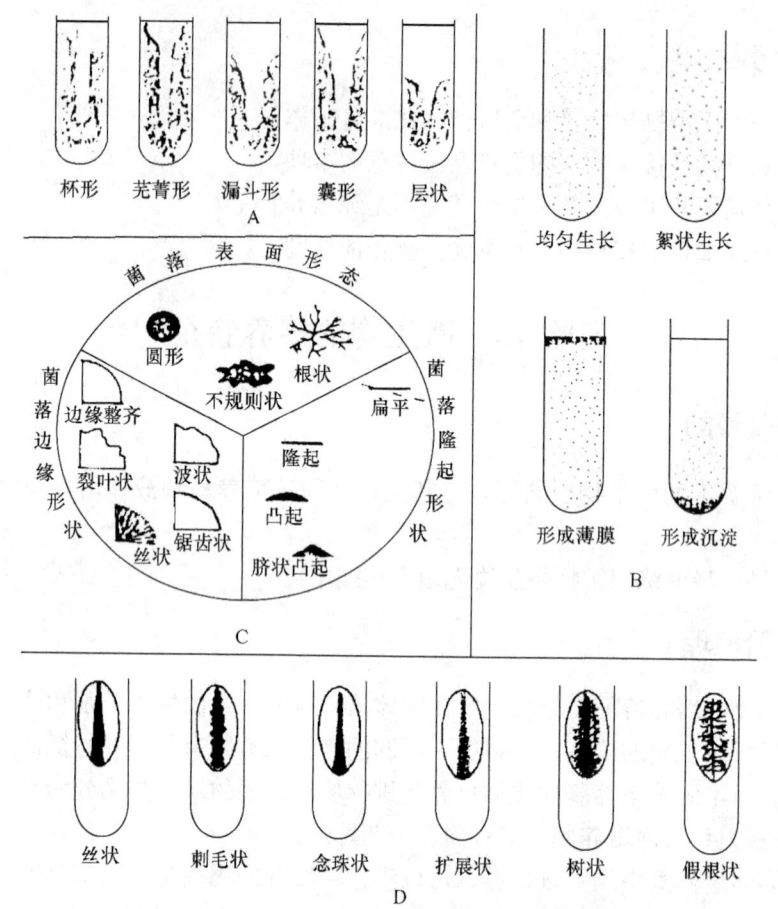

图 15-1 微生物在不同类型培养基上的培养特征
A. 明胶液化；B. 液体培养基中的生长；C. 琼脂平板上的生长；D. 琼脂斜面上的生长

（2）仪器及用具　接种环、接种针、无菌吸管、酒精灯等。

四、实验步骤

1）标记：在牛肉膏蛋白胨平板培养基、斜面培养基、液体培养基、半固体培养基上用记号笔标明待接种的菌种名称、株号、日期和接种者。

2）接种：接种过程参照无菌操作及微生物接种技术。斜面接种时只划一条直线，且直线尽可能直，切莫划几条线或蛇形线。

3）培养：将已接种的平板（要倒置培养）、斜面、液体、半固体培养基放置在 28~30℃ 的培养箱中培养 2~3d 后取出观察结果。

五、实验结果

根据菌落大小、颜色、形状、高度、干湿及边缘等特征观察不同的菌落类型，详细描述实验中各种微生物在平板培养基上、斜面培养基上、液体培养基和半固体培养基中的培养特征。

六、思考题

1. 好氧的具周生鞭毛的菌株分别在液体培养基和半固体培养基中的培养特征是怎样的？
2. 用斜面培养基检测微生物的培养特征接种时，为什么不可划多条线或蛇形线，而只划一条直线？

实验 16　厌氧微生物的培养

一、实验目的

学习并掌握几种厌氧微生物的培养方法。

二、实验原理

厌氧微生物在自然界分布广泛，种类繁多，作用也日益引起人们的重视。此类微生物只有在没有游离氧存在的条件下才能生长繁殖，在有氧的条件下，很难生长，甚至死亡。培养厌氧微生物的技术关键是要使该类微生物处于除去氧或氧化还原势较低的环境中。

目前，根据物理、化学、生物或综合原理建立的各种厌氧微生物培养技术很多，其中，有些操作十分复杂，对实验仪器也有较高的要求，如主要用于严格厌氧菌的分离和培养的 Hungate 技术、厌氧手套箱等；而有些操作相对简单，可用于那些对厌氧要求相对较低的一般厌氧菌的培养，如碱性焦性没食子酸法、厌氧罐培养法、庖肉培养基法等。本实验将主要介绍后面提到的 3 种，它们都属于最基本也是最常用的厌氧培养技术。

1. 碱性焦性没食子酸法

碱性焦性没食子酸（pyrogallic acid）与碱溶液（NaOH、Na_2CO_3 或 $NaHCO_3$）作用后形成易被氧化的碱性焦性没食子盐（alkaline pyrogallate），能通过氧化作用而形成黑褐色的焦性没食子橙从而除掉密封容器中的氧。这种方法的优点是无需特殊及昂贵的设备，操作简单，适于任何可密封的容器，可迅速建立厌氧环境。而其缺点是在氧化过程中会产生少量的一氧化碳，对某些厌氧菌的生长有抑制作用。同时，NaOH 的存在会吸收掉密闭容器中的二氧化碳，对某些厌氧菌的生长不利。用 $NaHCO_3$ 代替 NaOH，可部分克服二氧化碳被吸收的问题，但又会导致吸氧速率减慢。

2. 厌氧罐培养法

利用一定的方法在密封的厌氧罐中生成一定量的氢气，而经过处理的钯或铂可作为催化剂催化氢与氧化合形成水，从而除掉罐中的氧而造成厌氧环境。由于适量的 CO_2（2%～10%）对大多数的厌氧菌的生长有促进作用，在进行厌氧菌的分离时可提高检出率，因此一般在供氢的同时还向罐内供给一定量的 CO_2。厌氧罐中 H_2 及 CO_2 的生成可采用钢瓶罐注的外源法，但更方便的是利用各种化学反应在罐中自行生成的内源法。例如，本实验就是利用镁与氯化锌遇水后发生反应产生氢气，以及碳酸氢钠加柠檬酸水后产生 CO_2。而厌氧罐中使用的厌氧度指示剂一般都是根据亚甲蓝在氧化态时呈蓝色，而在还原态时呈无色的原理设计的。

$$Mg+ZnCl_2+2H_2O \longrightarrow MgCl_2+Zn(OH)_2+H_2\uparrow$$
$$C_6H_8O_7+3NaHCO_3 \longrightarrow Na_3(C_6H_5O_7)+3H_2O+3CO_2\uparrow$$

目前，厌氧罐培养技术早已商业化，有很多品牌罐产品（厌氧罐罐体、催化剂、产气袋、厌氧指示剂）可供选择，使用起来十分方便。图 16-1 显示了一般常用厌氧罐的基本结构。

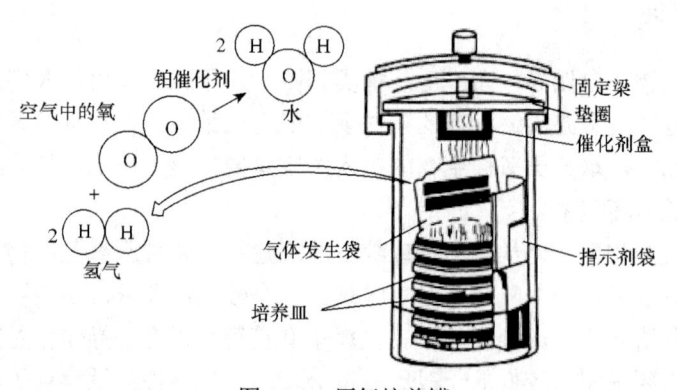

图 16-1　厌氧培养罐

3. 庖肉培养基法

碱性焦性没食子酸法和厌氧罐培养法都主要用于厌氧菌的斜面及平板等固体培养，而庖肉培养基法则在进行厌氧菌培养时最常采用。其基本原理是，将瘦牛肉或猪肉经处理后配成庖肉培养基，其中既含有易被氧化的不饱和脂肪酸（能吸收氧），又含有谷胱甘肽等还原性物质（可形成负氧化还原电势差），再加上将培养基煮沸驱氧及用液状石蜡凡士林混合液封闭液面，可用于培养厌氧菌。这种方法是保藏厌氧菌，特别是厌氧的芽孢菌的一种简单可行的方法。若操作适宜，严格厌氧菌都可获得生长。

三、实验器材

（1）菌种　　巴氏芽孢梭菌（巴氏固氮梭状芽孢杆菌，*Clostridium pasteur-*

ianum)、荧光假单胞菌（*Pseudomonas fluorescens*）。

（2）培养基　　牛肉膏蛋白胨琼脂培养基、庖肉培养基。

（3）溶液及试剂　　10% NaOH、灭菌的石蜡凡士林（1∶1）、焦性没食子酸等。

（4）仪器及用具　　棉花、厌氧罐、催化剂、产气袋、厌氧指示剂袋、无菌带橡皮塞的大试管、灭菌的玻璃板（直径比培养皿大 3~4cm）、滴管、烧瓶和小刀等。

四、实验步骤

1. 碱性焦性没食子酸法

（1）大管套小管法　　在已灭菌、带橡皮塞的大试管中放入少许棉花和焦性没食子酸。焦性没食子酸的用量按其在过量碱液中每克能吸收 100mL 空气中的氧来估计，本实验用量约为 0.5g。在小试管牛肉膏蛋白胨琼脂斜面上接种巴氏芽孢梭菌，迅速向大试管中滴入 10%的 NaOH，使焦性没食子酸湿润，并立即放入除掉棉塞已接种厌氧菌的小试管斜面（小试管口朝上），塞上胶皮塞，放入大试管中，塞上橡皮塞，置 30℃培养箱中培养。定期观察斜面上菌种的生长状况并记录。

（2）培养皿法　　取一块玻璃板或培养皿盖，洗净，干燥后灭菌，铺上一薄层无菌脱脂棉或纱布，将 1g 焦性没食子酸放于其上。用牛肉膏蛋白胨琼脂培养基倒平板，等凝固稍干燥后，在平板的一半划线接种巴氏芽孢梭菌，另一半划线接种荧光假单胞菌，并在培养皿底用记号笔做好标记。在无菌脱脂棉上的焦性没食子酸上滴加约 2mL 10%的 NaOH 溶液，切勿使溶液溢出棉花，立即将已接种的平板盖于玻璃板或培养皿盖上，必须将脱脂棉全部罩住，焦性没食子酸反应物切勿与培养基表面接触，以熔化的石蜡凡士林液密封培养皿与玻璃板或培养皿盖的接触处。置 30℃培养箱中培养。定期观察平板上菌种的生长状况并记录。

2. 厌氧罐培养法

1）用牛肉膏蛋白胨琼脂培养基倒平板，凝固干燥后，取两个平板，每个平板的一半划线接种巴氏芽孢梭菌，另一半划线接种荧光假单胞菌，并做好标记。取其中一个已接种的培养皿置于厌氧罐的培养皿支架上，而后放入厌氧培养罐内；另一个已接种的培养皿置于培养室，30℃恒温培养。

2）剪开催化剂袋，将催化剂倒入厌氧罐盖下面的多孔催化剂盒内，拧紧催化剂盒的盒盖。

3）剪开气体发生袋的切碎线处，并迅速将此气体发生袋置于罐内金属架的夹上，再向袋中加入约 10mL 水。同时由另一人配合，剪开指示剂袋，将指示条暴露，立即放进罐内。

4）迅速盖好厌氧罐的盖，将固定梁旋紧，置于 30℃培养。观察并记录罐内情况变化及菌种生长情况。

3. 庖肉培养基法

1）接种：将盖在培养基液面的石蜡凡士林先于火焰上微微加热，使其边缘熔化，再用接种环将石蜡凡士林块拔成斜立或直立在液面上，然后用接种环或无菌滴管接种。接种后再将液面上的石蜡凡士林块在火焰上加热使其熔化，然后将试管直立静置，使石蜡凡士林凝固并密封培养基液面。

2）培养：将按上述方法分别接种了巴氏芽孢梭菌和荧光假单胞菌的庖肉培养基置于30℃培养室内培养，并注意观察培养基肉渣颜色的变化和熔封石蜡凡士林层的状态。

五、注意事项

1. 培养需要CO_2的厌氧菌时，须在厌氧小环境中供应CO_2。
2. 用烧瓶、试管或厌氧罐时，应事先仔细检查其密封性能，以防漏气。
3. 已制备灭菌的培养基在接种前应在沸水浴中煮沸10min，以消除溶解在培养基中的氧气。
4. 产气荚膜梭菌为条件致病菌，防止其进入口中和沾染伤口。

六、实验结果

在你的实验中，好氧的荧光假单胞菌和厌氧巴氏芽孢梭菌在几种厌氧培养方法中的生长状况如何？请对厌氧培养条件下出现的如下情况进行分析、讨论。

1. 荧光假单胞菌不生长，而巴氏芽孢梭菌生长。
2. 荧光假单胞菌和巴氏芽孢梭菌均生长。
3. 荧光假单胞菌生长，而巴氏芽孢梭菌不生长。

七、思考题

1. 在进行厌氧菌培养时，为什么每次都应同时接种一种严格好氧菌作为对照？
2. 根据你的实验，你认为这几种厌氧培养法各有何优缺点？除此之外，你还知道哪些厌氧培养技术？请简述其特点。

实验17　菌种保藏技术

菌种保藏是一个国家的微生物学基础工作。所谓菌种保藏就是把从自然界分离得到的野生型或经人工选育的用于科学研究和工业生产的优良菌种，用各种适宜的方法妥善保存，从而达到不死亡、不变异、不污染和不衰退的目的，在较长时间内保持原有菌株的优良生产性状或典型的生物学性状，以便于生产和科学研究。实际上菌种保藏不仅是专门的菌种保藏机构的工作，所有利用微生物菌株来进行研究或生产的人都需要做此项工作，因此在保藏菌种时就需要考虑各种菌种保藏方法的适用范围、操作方法的繁简及是否需要特殊设备等问题。所以了解并掌握各种菌种保藏方法是十分必要的。

现有菌种保藏技术大体分为以下几种。

1. 斜面低温保存法

将分离纯化的待存菌接种于适宜的固体斜面培养基上，得到充分生长后，用封口膜封口，贴上标签，保存于 4℃冰箱中。此法操作简单、使用方便、不需要特殊设备，是实验室菌种保存最常用的方法。但保存时间短，一般每个月都要移种 1 次，而且菌种容易变异，所以此方法只适合实验室短期实验菌株的保存。

2. 半固体琼脂法

用接种针将已分离纯化的待存菌穿刺接种于半固体培养基中，放入培养箱培养后取出，封上无菌的液状石蜡，贴上标签，放于4℃冰箱保存。此方法简便易操作，不需特殊设备，技术难度不大，但保存的时间不长，一般只能保存 1 年以内，而且对抵抗力弱及一些特殊菌种大概只能存活 3~6 个月，需要频繁地传代，这样很容易使菌株受到污染、变异。所以此方法不适用菌种的长期保存，只适合实验室一些要求不高的菌种的短期保存。

3. 液状石蜡保存法

将液状石蜡灭菌，放于 37℃恒温箱中，待水汽蒸发掉备用。再将已分离纯化的待存菌在最适宜的斜面培养基上培养，得到健壮的菌体，用无菌吸管吸取已灭菌的液状石蜡，注入已长好的斜面培养基，用量以高出斜面1cm 为准，将试管直立，贴上标签，置4℃下保存。此法制作简单，不需要特殊设备，菌种可以保存 1 年左右，不需要经常移种，缺点是保存的时候需要直立放置。此方法适合实验室短期菌株的保存，而且保存时需要一定的空间。

4. 高层半固体琼脂石蜡保存法

将待存菌经平板划线分离后，挑单个菌落用接种针反复穿刺接种到高层半固体琼脂培养基中，经培养箱培养后取出，滴加灭过菌的液状石蜡到半固体琼脂菌种管表层，高度约 0.5cm，贴上标签，存放于4℃冰箱。此法操作简便，不需要特殊设备，效果好，可以保存菌株 1~2 年。所以适合实验室菌株的较长期保存。

5. 甘油液保存法

将已分离纯化的待存菌接种于肉汤中，37℃培养 18~24h，然后按 5 份肉汤溶液、2 份甘油-生理盐水保存液的比例分装于灭菌的微量离心管或细胞冻存管中，贴上标签，置-80~-20℃冰箱保存。此法操作简便，不需要特殊设备，效果好，可以保存菌种 3 年左右，无变异现象，而且此方法还可以保存一些要求较高的特殊菌种，适用范围广。所以此方法适合实验室普通菌种或特殊菌种的较长期的保存。

6. 蒸馏水保存法

取灭菌蒸馏水 6~7mL 加于已接待存菌斜面培养基的试管内，用吸管研磨，洗下斜面上的菌苔，充分混匀，将此菌液分装于灭菌的螺旋小瓶中，或用胶塞密封，贴上标签，置于 4℃保存。此法制作简单，不需要特殊设备，且不需要经常移种，而且可以保存数年，但要注意保存的时候需要直立放置。所以此方法适合实验室菌种的长期保存。

7. 冷冻真空干燥法

将待存菌分离纯化后，用准备好的保护剂（牛奶）洗下菌苔，把菌悬液滴入菌种管后，在管口抽取少许棉花塞入管内细颈处，放入冰箱－40℃速冻 40min，放入准备好的混有盐的冰中，接上真空泵，真空抽干呈粉末状，火焰封口，贴上标签，保存于－40℃冰箱。此法保存时间长，可达 15 年，不易变性，但需要专用仪器，一般实验室难以配备，而且过程复杂，操作难度大，需要较长时间才能完成。所以此方法适合具有条件的实验室菌种的长期保存。

实验 17-1　常规保藏方法

一、实验目的

1. 学习微生物菌种保藏的基本原理。
2. 掌握常用的微生物菌种保藏方法。

二、实验原理

微生物具有易受环境条件影响而发生变异的特点，因此在保藏过程中必须使微生物的代谢处于不活跃或相对静止的生理状态，才能在一定时间内既保持原有的典型生物学性状和生活能力而又不发生变异。菌种保藏的方法很多，其原理主要是选择合适菌种，采用适宜的理化条件，其中低温、干燥、缺乏营养和隔绝空气是使微生物菌体细胞代谢能力降低的重要因素，大多数菌种保藏的方法都是根据这些因素或其中部分因素而设计的。本实验选取几种常用且易实现的菌种保藏。

三、实验器材

（1）菌种　　金黄色葡萄球菌、枯草芽孢杆菌、放线菌、酿酒酵母。

（2）溶液及试剂　　无水氯化钙、五氧化二磷、液状石蜡、10% HCl、麦芽汁培养基、牛肉膏蛋白胨液体培养基、半固体深层培养基和固体斜面培养基、高氏Ⅰ号培养基。

（3）仪器及用具　　干燥器、40 目和 120 目筛子、锥形瓶、移液管、试管、烧杯、标签纸、棉花、牛皮纸、河沙、贫瘠黄土、线绳等。

四、实验步骤

1. 斜面传代保藏法

1) 贴标签：取无菌牛肉膏蛋白胨斜面培养基和麦芽汁斜面培养基数支，分别在斜面的正上方距离管口 2~3cm 处贴上标签。在标签纸上写上接种的菌名、培养基名称和接种日期。

2) 斜面接种：取待保存的金黄色葡萄球菌、酿酒酵母，以无菌操作用接种环取菌苔少许，在斜面上做"Z"形划线接种。

3) 培养：将金黄色葡萄球菌置于37℃培养箱中、酵母菌于28℃培养箱中培养 24~48h。

4) 保藏：斜面长好后，直接放入4℃冰箱中保藏。

此保藏方法依菌种不同，可保存 1~4 个月，因此需定期移种。霉菌、放线菌及有芽孢的细菌每 2~4 个月移种一次，酵母菌每 2 个月、细菌最好每 1 个月移种一次。此法为实验室和工厂菌种室常用的保藏法，优点是操作简单、使用方便，且不需特殊设备；缺点是保藏时间短、需要传代次数多，且易污染变异。

2. 半固体穿刺菌种保藏法

1) 贴标签：取无菌的牛肉膏蛋白胨半固体深层培养基试管数支，贴上标签，注明菌种名称、培养基名称和接种日期。

2) 穿刺接种：取大肠杆菌和枯草芽孢杆菌斜面各一支，用接种针挑取菌种少许，朝深层琼脂培养基中央直刺至接近试管底部（切勿穿透到管底），然后沿原线拉出。

3) 培养：置37℃恒温箱培养48h。

4) 保藏：半固体深层培养基菌种长好后，放入4℃冰箱保藏。

3. 液状石蜡保藏法

如果在上述两种保藏方法所保藏的菌种上再加一层无菌液状石蜡，则效果更好。原因是液状石蜡既可防止因水分蒸发而引起菌细胞死亡，又可阻止氧气进入以减弱代谢作用。

1) 液状石蜡灭菌：在 250mL 锥形瓶中装入 100mL 液状石蜡，塞上棉塞，0.100MPa 高压蒸汽灭菌 30min。

2) 蒸发水分：湿热灭菌的液状石蜡在 105~110℃的烘箱中放置 1h，使水分蒸发掉。

3) 菌种培养：将需要保存的菌种，在最适宜的斜面培养基或深层培养基上培养，以得到最健壮的菌体或孢子。本实验可直接利用上述"1. 斜面传代保藏法"或"2. 半固体穿刺菌种保藏法"中的菌种。

4) 加液状石蜡：用无菌移液管吸取灭菌的液状石蜡，注入已长好菌的菌种上面，用量以超过斜面或琼脂柱 1cm 为宜，如图 17-1 所示。

5）保藏：液状石蜡封存后，同样放入 4℃冰箱中保存。如无冰箱，也可直立在低温干燥处保存。

此法实用而且效果好。霉菌、放线菌、芽孢细菌均可保藏 2 年以上，酵母菌可保藏 1～2 年，一般无芽孢细菌可保藏 1 年左右。此法优点是制作简单、不需特殊设备，且保存时间较长；缺点是须直立放置，占用位置较大，不便携带，且在移种时接种环须在火焰上灼烧，培养物易与液状石蜡一起飞溅，应特别注意。

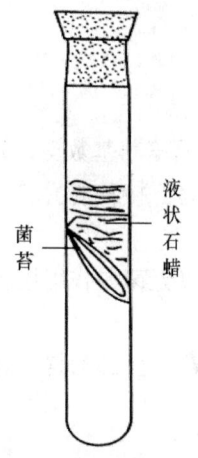

图 17-1　液状石蜡保藏菌种

4. 沙土管保藏法

1）筛沙：取细河沙，用 40 目筛过筛除去大颗粒。放于烧杯中，加入 10% HCl 浸没沙子，浸泡 2～4h，以除去有机物质。然后倒去 HCl，用自来水洗至中性，烘干备用。

2）筛土：取非耕作层贫瘠黄土，烘干碾细，用 120 目筛过筛备用。

3）混合和装管：按 4 份沙、1 份土的比例混合，混匀后分装入 10mm×100mm 的小试管中，每管装量 1g 左右，塞上棉塞，牛皮纸包扎后高压蒸汽灭菌（0.15MPa、1h）2～3 次。

4）无菌检查：取灭菌后的沙土少许，接种到牛肉膏蛋白胨培养液中，30℃培养 1d 以上，检查有无杂菌生长，确信灭菌彻底后方可使用。

5）沙土管菌种制备：取放线菌（高氏 I 号培养基 28～30℃培养 5～7d，孢子层生长丰满）1 支，注入无菌水 3mL，洗下孢子，制成悬液，另用 1 支 1mL 的无菌移液管吸取制备好的菌悬液 0.1mL（约 2 滴），放入沙土管中，并用接种环拌匀，塞好棉塞。

6）干燥：把加好孢子悬液的沙土管放入干燥器中，器内放置五氧化二磷或无水氯化钙作干燥剂。干燥剂吸湿后及时更换，几次以后即可干燥。在有条件时，最好用真空泵连续抽气 3～4h，以获得更好的效果。

7）保藏：干燥后的沙土管可视具体条件而采用适当的方法进行保藏。可直接放入冰箱中保存；可用石蜡封住棉塞后置冰箱中保存；也可放入简易干燥器中于室温下保存（图 17-2）；有条件的还可用喷灯在棉塞下面部位熔封管口，

图 17-2　沙土管的保藏

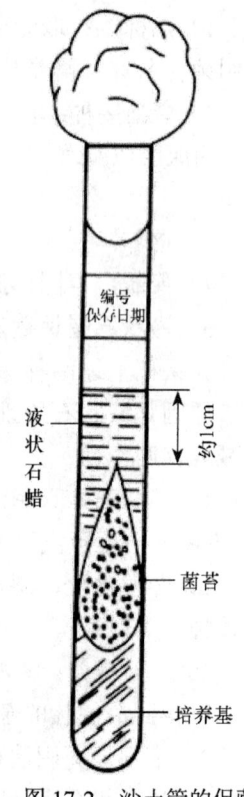

然后进行保存。

此法多适用于产孢子的微生物,如霉菌、放线菌。因此在抗生素工业中应用较广且效果好,但应用于营养细胞效果不佳。应用此法保存产孢子的微生物,保存期可在 2 年左右。

实验 17-2　冷冻干燥保藏法

一、实验目的

1. 理解冷冻干燥保藏菌种的原理。
2. 掌握冷冻干燥保藏菌种的方法。

二、实验原理

冷冻干燥保藏菌种法可克服简单保藏方法的不足。利用有利于菌种保藏的一切因素,使微生物始终处于低温、干燥、缺氧的条件下,因而它是迄今为止最有效的菌种保藏法之一。

三、实验器材

（1）菌株　　待保藏的各种菌种。
（2）试剂　　2% HCl、牛奶。
（3）仪器及用具　　安瓿管、标签、长滴管、脱脂棉、干冰、离心机、冷冻真空装置、高频电火花器。

四、实验步骤

实验流程大致为:准备安瓿管→制备脱脂乳→制备菌悬液→分装→预冻→真空干燥→保藏→活化。

（1）准备安瓿管　　安瓿管先用 2% HCl 浸泡,再水洗多次,烘干。将标签放入安培管内,管口塞上棉花,灭菌备用。

（2）制备脱脂乳　　用鲜奶经处理或使用脱脂奶粉配制脱脂牛奶,灭菌,并做无菌实验后备用。

（3）制备菌悬液　　将无菌牛奶直接加到待保藏的菌种斜面试管中,用接种环将菌种刮下,轻轻搅乱使其均匀地悬浮在牛奶内而成悬浮液。

（4）分装　　用无菌长滴管将悬浮液分装入安瓿管底部,每支安瓿管的装量约为 0.9mL（一般装入量为安瓿管球部体积的 1/3）。

（5）预冻　　将分装好的安瓿管在 −40～−25℃ 的干冰乙醇中进行预冻 1h;或在冰箱冷冻室进行预冻。

（6）真空干燥　　预冻以后，将安瓿管放入真空器中，开动真空泵进行干燥。

（7）封管　　封管前将安瓿管装入歧形管；真空度抽至 1.333Pa 后，再用火焰熔封，封好后，要用高频火花器检查各安瓿管的真空情况。如果管内呈现灰蓝色光，证明保持着真空。检查时高频电火花器应射向安瓿管的上半部。

（8）保藏　　做好的安瓿管应放置在低温避光处保藏。

（9）活化　　如果要从中取出菌种恢复培养，可先用 75%乙醇将管的外壁消毒，然后将安瓿管上部在火焰上烧热，再滴几滴无菌水，使管子破裂。再用接种针直接挑取松散的干燥样品，在斜面培养基上接种。

五、注意事项

1. 沙土管保藏法适应于产孢子或产芽孢的微生物；沙土管接种后，应立即干燥。
2. 液状石蜡保藏法对能分解烃类的微生物不适用；液状石蜡易燃，必须注意安全。
3. 接种应注意操作方法，勿使培养物因火焰灼烧而飞溅，对于病原性微生物采用此法更应特别小心。

六、实验结果

观察并记录几种保藏技术的实验结果。

七、思考题

1. 结合课堂知识，具体分析各类保藏方法的优缺点，并找出关键环节和注意事项。
2. 在实践中，如果本实验中所罗列的菌种保藏条件，请你根据菌种保藏的原理设计一种简易的保存菌种的方法。

实验 18　噬菌体的分离纯化与效价测定

一、实验目的

1. 掌握噬菌体分离纯化的方法；观察噬菌斑的形态和大小。
2. 了解噬菌体效价的含义及其测定的原理。
3. 学习噬菌体效价测定的基本方法。

二、实验原理

噬菌体（bacteriophage，phage）是一类专性寄生于细菌和放线菌等微生物细胞的病毒，广泛存在于自然界，凡是有寄主的场所，就可能有相应噬菌体的存在。在人和动物的排泄物或污染的井水、河水中，常含有肠道菌的噬菌体。在土壤中，可找到土壤细菌的噬菌体。噬菌体有严格的宿主特异性，只寄居在易感宿主菌体内，故可利用噬菌体进行细菌的流行病学鉴定与分型，以追查传染源。由于噬菌体结构简单、基因数少，因此可作为分子生物学与基因工程的良好实验系统。

当烈性噬菌体感染细菌后会迅速引起敏感细菌裂解，释放出大量子代噬菌体，然后它们再扩散和感染周围细胞，最终使含有敏感细菌的悬液由混浊逐渐变清，或在含有敏感细菌的平板上出现肉眼可见的空斑——噬菌斑（plaque）（图 18-1）。了解噬菌体的特性，快速检查、分离，并进行效价测定，对在生产和科研工作中防止噬菌体的污染具有重要作用。一个噬菌体产生一个噬菌斑，利用这种现象可将分离获得的噬菌体进行纯化。一般用双层琼脂平板法来分离纯化噬菌体。

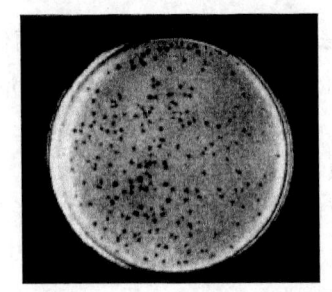

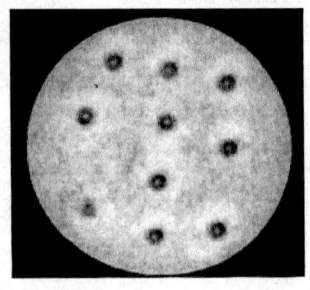

图 18-1 噬菌斑

噬菌体的效价是指 1mL 样品中所含侵染性（活）噬菌体的粒子数。效价的测定一般采用双层琼脂平板法。由于在含有特异宿主细菌的琼脂平板上，一个噬菌体产生一个噬菌斑，因此可根据一定体积的噬菌体培养液所出现的噬菌斑数，计算出噬菌体的效价。此方法所形成的噬菌斑的形态、大小较一致，且清晰度高，故计数比较准确，因而被广泛应用。

因噬菌斑计数方法的实际效率难以接近 100%（一般偏低，因为有少数活噬菌体可能未引起感染），所以为了准确地表达病毒悬液的浓度（效价或滴度），一般不用病毒粒子的绝对数量，而是用噬菌斑形成单位（plague-forming unit，pfu）表示。

三、实验器材

（1）菌种　　大肠杆菌斜面（37℃培养 18h），阴沟污水。

（2）培养基　　3 倍浓缩的牛肉膏蛋白胨液体培养基（500mL 锥形瓶分装，每瓶 100mL）；牛肉膏蛋白胨液体培养基（试管分装，每管 4.5mL）；牛肉膏蛋白胨琼脂平板培养基；上层牛肉膏蛋白胨琼脂培养基（简称"上层培养基"，含琼脂 0.7%，试管分装，每管 4mL）；底层牛肉膏蛋白胨琼脂平板培养基（简称"底层平板"，含琼脂 2%，每皿 10mL）。

（3）仪器及用具　　恒温水浴箱、真空泵、灭菌吸管、玻璃涂布棒、蔡氏细菌过滤器、锥形瓶、无菌水等。

四、实验步骤

（一）噬菌体的分离

1）制备菌悬液：取大肠杆菌斜面一支，加 4mL 无菌水洗下菌苔，制成菌悬液。

2）增殖噬菌体：于 100mL 三倍浓缩的牛肉膏蛋白胨液体培养基的锥形瓶中，加入污水样品 200mL 与大肠杆菌菌悬液 2mL，37℃培养 12～24h。

3）制备噬菌体裂解液：将以上混合培养液离心（2500r/min，15min）。将离心上清液用灭菌的蔡氏细菌过滤器过滤除菌，所得滤液倒入灭菌锥形瓶内，37℃培养过夜，以做无菌检查。

4）确证实验：经无菌检查没有细菌生长的滤液，进一步证明噬菌体的存在。于牛肉膏蛋白胨琼脂平板上加一滴大肠杆菌悬液，再用灭菌的玻璃涂布棒将菌液涂布成均匀的一薄层。

待平板菌液干后，分散滴加数小滴滤液于平板菌层上面，置 37℃培养过夜。如果在滴加滤液处形成无菌生长的透明噬菌斑，便证明滤液中有大肠杆菌噬菌体。

（二）噬菌体的纯化

1）稀释：如果已证明确有噬菌体的存在，将含大肠杆菌噬菌体的滤液用牛肉膏蛋白胨液体试管培养基按 10 倍稀释法稀释成 10^{-5}、10^{-4}、10^{-3}、10^{-2}、10^{-1} 的 5 个稀释度。

2）标记底层平板：取 5 个底层平板，依次标记为 10^{-5}、10^{-4}、10^{-3}、10^{-2}、10^{-1}。

3）倒上层平板：取 5 支上层培养基试管，依次标记为 10^{-5}、10^{-4}、10^{-3}、10^{-2}、10^{-1}，熔化并冷至 48℃（可预先熔化、冷却，放 48℃水浴锅内备用），对应加入以上各稀释度的噬菌体与大肠杆菌菌悬液各 0.1mL，混匀，立即倒入对应标记的底层平板上，摇匀。

4）培养：置 37℃培养 12h。

5）纯化：此时长出分离的单个噬菌斑，其形态、大小常不一致，需要进一步纯化。方法是用接种针在单个噬菌斑中刺一下，小心采集噬菌体，接入含有大肠杆菌的液体培养基内，于 37℃培养 18～24h。再用上述方法稀释、倒双层平板进行纯化，直到平板上出现的噬菌斑形态、大小一致，即表明已获得纯的大肠杆菌噬菌体。

（三）噬菌体效价测定

1. 稀释噬菌体

1）将 4 管含 0.9mL 液体培养基的试管分别标记为 10^{-3}、10^{-4}、10^{-5} 和 10^{-6}。

2）用 1mL 无菌吸管吸 0.1mL 大肠杆菌噬菌体（10^{-2} 稀释液），注入 10^{-3} 试管中，旋摇试管，使混匀。

3）用另一支无菌吸管从 10^{-3} 管中吸 0.1mL 加入 10^{-4} 管中，混匀。其余类推，稀释至 10^{-6} 管。

2. 噬菌体与菌液混合

1）将 5 支灭菌空试管分别标记为 10^{-4}、10^{-5}、10^{-6}、10^{-7} 和对照。

2）用吸管从 10^{-3} 噬菌体稀释管吸 0.1mL 加入 10^{-4} 的空试管内，用另一支吸管从 10^{-4} 稀释管内吸 0.1mL 加入 10^{-5} 空试管内，直到 10^{-7} 管，如图 18-2 所示。

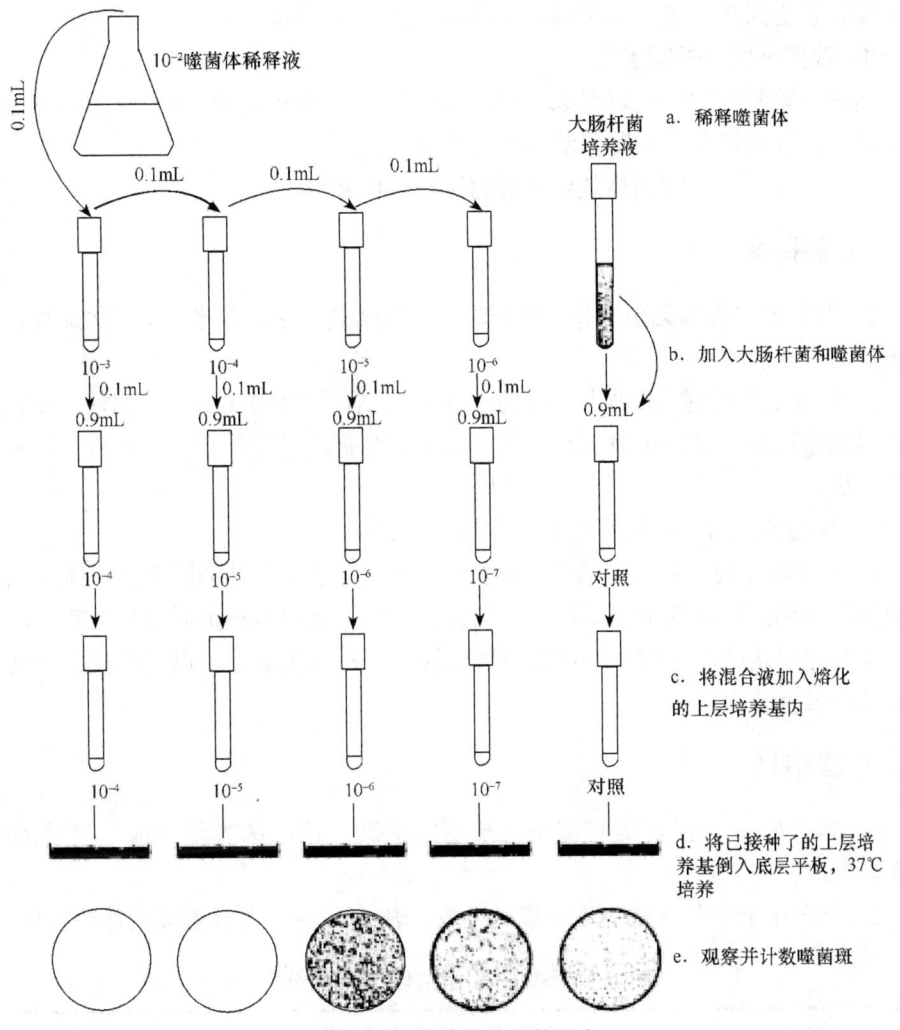

图 18-2 噬菌体效价的测定

3）将大肠杆菌培养液摇匀，用吸管取菌液 0.9mL 加入对照试管内，再吸 0.9mL 加入 10^{-7} 管。如此，从最后一管加起，直到 10^{-4} 管，各管均加 0.9mL 大肠杆菌培养液,将以上试管摇匀。

3. 混合液加入上层培养基内

1)将 5 管上层培养基标记为 10^{-4}、10^{-5}、10^{-6}、10^{-7} 和对照,熔化后冷却至 50℃,并置于水浴锅内保温。

2)分别将 4 管混合液和对照管对号加入上层培养基试管内。每一管加入混合液后,立即摇匀。

4. 接种了的上层培养基倒在底层平板上

将旋摇均匀的上层培养基迅速对号倒在底层平板(约 10mL)上,放在台面上摇匀,使上层培养基铺满平板,凝固后,置 37℃培养。

5. 观察平板中的噬菌斑

将每一稀释度的噬菌斑形成单位(pfu)记录于实验报告内,并选取 30～300pfu 的平板,计算每毫升未稀释原液的噬菌体效价。

$$噬菌体效价 = 噬菌斑数 \times 稀释倍数 \times 10$$

五、注意事项

1. 所有过程必须无菌操作。操作时要条理清楚,先后有序,特别注意管、皿间应"对号入座"。

2. 制双层平板时,底层培养基温度不宜过高,最好在实验前先倒好,并放入 30℃温箱中过夜,以减少表面水蒸气。培养基要有较好透明度,无沉淀,易于观察噬菌斑。

3. 噬菌体的培养时间不能超过 24h。

4. 效价测定时,混合后的菌液保温时间不宜太长,否则会因个别菌体裂解而释放出噬菌体,影响效价的确切性。当混合液加入上层培养基后应立即摇匀,并迅速倒在底层培养基上铺平,以防凝固成块。平板倒置培养,以防冷凝水影响噬菌斑的形成及计数。

六、实验结果

1. 本实验最后获得的噬菌斑为透明的空斑,请绘图表示平板上出现的噬菌斑。

2. 记录平板中每一稀释度的噬菌斑数于表 18-1 中,并计算噬菌体的效价。

表 18-1 平板中每一稀释度的噬菌斑数

噬菌体稀释度	10^{-4}	10^{-5}	10^{-6}	10^{-7}	对照
噬菌斑数					

七、思考题

1. 新分离到的噬菌体滤液要证实确有噬菌体存在,除本实验用的平板法观察噬菌斑的存在以外,还可用什么方法?如何证明?

2. 加大肠杆菌增殖的污水裂解液为什么要过滤除菌,不过滤的污水将会出现什么实验结果?为什么?

3. 什么因素决定噬菌斑的大小?

4. 噬菌体效价测定时,操作要注意什么才能测定准确?为什么选择 30～300pfu 的平板计数较好?

第四章 微生物生长的测定

实验 19 显微计数法

一、实验原理

显微计数法是将少量待测样品的悬浮液置于一种特定的具有确定容积的载玻片上（又称计菌器），于显微镜下直接观察、计数的方法。目前国内外常用的计菌器有：细胞计数板、Peteroff-Hauser 计菌器及 Hawksley 计菌器等，它们可用于各种微生物单细胞（孢子）悬液的计数，基本原理相同。其中细胞计数板较厚，不能使用油镜，常用于个体相对较大的酵母细胞、霉菌孢子等的计数，而后两种计菌器较薄，可用油镜对细菌等较小的细胞进行观察和计数。除了用上述这些计菌器外，还有用已知颗粒浓度的样品如血液与未知浓度的微生物细胞（孢子）样品混合后根据比例推算后者浓度的比例计数法。

显微计数法的优点是直观、快速、操作简单，缺点则是所测得的结果通常是死菌体和活菌体的总和，且难以对运动性强的活菌进行计数。目前已有一些方法可以克服这些缺点，如结合活菌染色、微室培养（短时间）及加细胞分裂抑制剂等方法来达到只计数活菌体的目的，或用染色处理等杀死细胞以计数运动性细菌等。本实验以最常用的细胞计数板为例对显微计数法的具体操作方法进行介绍。

细胞计数板构造如图 19-1 所示，其上有 4 条槽构成 3 个平台。中间较宽的平台又被一短横槽隔成两半，每一边的平台上各刻有一个方格网，每个方格网共分为 9 个大方格，中间的大方格即为计数室。计数室的刻度一般有两种规格，一种是一个大方格分成 25 个中方格，而每个中方格又分成 16 个小方格；另一种是一个大方格分成 16 个中方格，而每个中方格又分成 25 个小方格（图 19-2），但无论是哪一种规格的计数板，每一个大方格中的小方格都是 400 个。每一个大方格边长为 1mm，则每一个大方格的面积为 $1mm^2$，盖上盖玻片后，盖玻片与载玻片之间的高度为 0.1mm，所以计数室的容积为 $0.1mm^3$（$10^{-4}mL$）。

计数时，通常数 5 个中方格的总菌数。然后求得每个中方格的平均值，再乘以 25 或 16，就得出一个大方格中的总菌数，然后再换算成 1mL 菌液中的总菌数。

以 25 个中方格的计数板为例，设 5 个中方格中的总菌数为 A，菌液稀释倍数为 B，则：

$$1mL\ 菌液中的总菌数 = \frac{A}{5} \times 25 \times 10^4 \times B$$

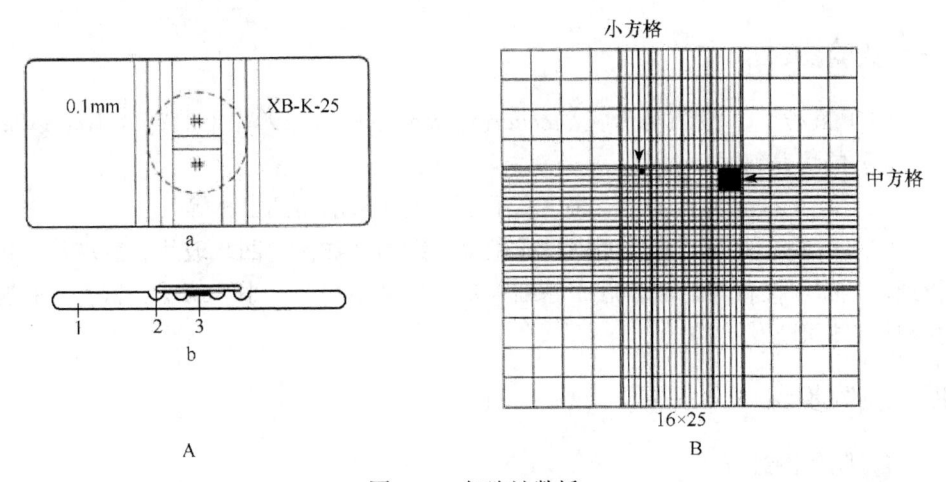

图 19-1 细胞计数板

A. 细胞计数板正面和侧面结构示意图：a. 正面图；b. 侧面图（1. 细胞计数板，2. 盖玻片，3. 计数室）；
B. 计数板上的方格网，中间大方格为计数室

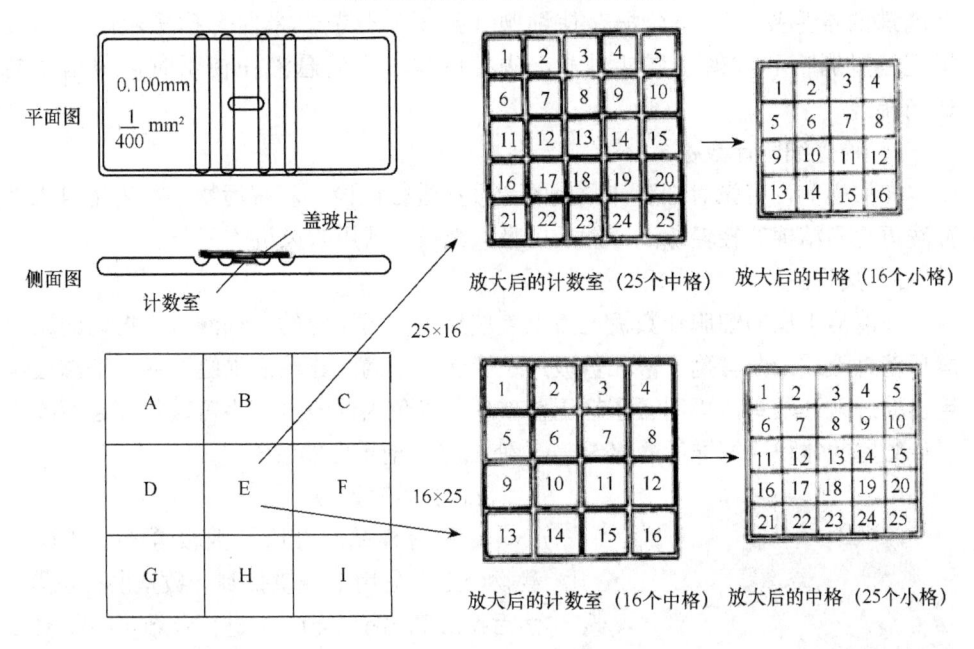

方格网（分成9个大格，中央大格E为计数室）

图 19-2 细胞计数板显微计数示意图

二、实验目的

学习并掌握使用细胞计数板测定微生物细胞或孢子数量的方法。

三、实验器材

（1）菌种　　酿酒酵母（*Saccharomyces cerevisiae*）和米曲霉（*Aspergillus oryzae*）的培养斜面。

（2）溶液和试剂　　香柏油、二甲苯、生理盐水和凡士林等。

（3）仪器及用具　　普通光学显微镜、细胞计数板、凹载玻片、盖玻片、擦镜纸、软布、接种环、酒精灯、毛细滴管、玻璃小漏斗、小玻璃珠、试管、脱脂棉和锥形瓶等。

四、实验步骤

1．制备菌悬液

将 5mL 左右的无菌生理盐水加到酿酒酵母或米曲霉的斜面培养基上，用无菌接种环在斜面上轻轻来回刮取。将制备的悬液倒入盛有 5mL 生理盐水和玻璃珠的锥形瓶中，充分振荡使细胞（孢子）分散。米曲霉孢子液随后还应用无菌脱脂棉和玻璃小漏斗过滤，去掉菌丝。上述悬液在使用时可根据需要适当稀释。

2．检查细胞计数板

在加样前，应先对细胞计数板的计数室进行镜检。若有污物，可先用自来水冲洗再用酒精棉球轻轻擦洗，然后用吸水纸吸干或用吹风机吹干。

3．加样品

在清洁干燥的细胞计数板上盖上盖玻片，再用无菌的毛细滴管将摇匀的酿酒酵母菌悬液或米曲霉孢子液在盖玻片边缘滴一小滴，让菌液沿缝隙靠毛细渗透作用自动进入计数室，再用镊子轻压盖玻片，以免因菌液过多将盖玻片顶起而改变了计数室的体积。加样后静置 5min，使细胞或孢子自然沉降。

4．显微镜计数

将加有样品的细胞计数板置于显微镜的载物台上，先用低倍镜找到计数室所在位置，然后换成高倍镜（40×）进行计数，如图 19-3 所示。若发现菌液太浓或太稀，需重新调节稀释度后再计数。一般样品稀释度要求以每小格内有 5～10 个菌体为宜。每个计数室计数 5 个中格中的菌体数目。

计数原则：位于格线上的菌体一般只数上方和右边线上的。如遇酵母出芽，芽体大小达到母细胞的一半时，即作为两个菌体计数。计

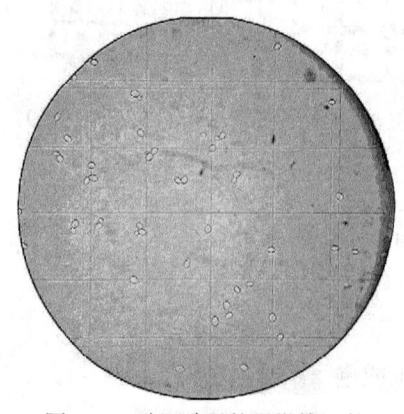

图 19-3　酿酒酵母的显微镜计数

数一个样品要从两个计数室中计得的平均数值来计算样品的含菌量。

5. 清洗细胞计数板

测数完毕，取下盖玻片，用水将细胞计数板冲洗干净，切勿用硬物洗刷或抹擦，以免损坏网格刻度。洗净后自行晾干或用吹风机吹干。镜检观察每一小格内是否有残留菌或其他污物，若不洁净应洗涤至干净为止，方可放入盒内保存，以备下次使用。

五、注意事项

1. 用接种环在培养斜面上刮取时动作要轻，不要将琼脂培养基一起刮起。菌液在取样、加样时计数室不可有气泡产生。

2. 活细胞是透明的，因此在进行显微计数或悬滴法观察时均应适当降低视野亮度，以增大反差。计数时应先在低倍镜下寻找大方格的位置，找到计数室后将其移至视野中央，再换高倍镜观察和计数。

3. 计数板上的计数室的刻度非常精细，清洗时切勿使用刷子等硬物；也不可用酒精灯火焰烘烤计数板。

六、实验结果

将实验结果记录在表 19-1 中。

表 19-1　微生物计数结果

计数次数	每个中方格中菌数					稀释倍数	5 个中方格中的总菌数	平均值
	1	2	3	4	5			
第一室								
第二室								

七、思考题

1. 根据你的体会，说明用细胞计数板计数的误差主要来自哪些方面？如何尽量减少误差？

2. 使用细胞计数板时应注意哪些问题？

实验 20　平板菌落计数法

一、实验目的

学习平板菌落计数的基本原理和方法。

二、实验原理

平板菌落计数法是将待测样品经适当稀释后,其中的微生物充分分散为单个细胞,取一定量的稀释液接种到平板上,经过培养,由每个单细胞生长繁殖而形成肉眼可见的菌落,即一个单菌落应代表原样品中的一个单细胞。统计菌落数,根据其稀释倍数和取样接种量即可换算出样品中的含菌数。但是,由于待测样品往往不易完全分散成单个细胞,因此,长成的一个单菌落也可能来自样品中的 2~3 或更多个细胞。因此平板菌落计数的结果往往偏低。这就是现在使用菌落形成单位(colony-forming unit,cfu)取代以前用绝对菌落数来表示样品活菌含量的原因。

平板菌落计数法的缺点是操作较繁,结果需要培养一段时间才能取得,而且测定结果易受多种因素的影响,但是这种计数方法最大的优点是可以获得活菌的信息,所以被广泛用于生物制品检验,以及食品、饮料和水等含菌指数或污染度的检测。

三、实验器材

大肠杆菌悬液,LB 琼脂培养基,1mL、5mL 无菌吸管,无菌培养皿,无菌水,无菌试管,试管架和记号笔等。

四、实验步骤

1. 无菌器材的准备

1)无菌培养皿:取培养皿 9 套,包扎、灭菌。

2)无菌移液管的准备:取 1mL 移液管,在后部管口处用铁丝塞入棉花少许(长 1~1.5cm),以防将菌液吸出,同时也可避免外面的微生物进入。棉花要塞得松紧适宜,以吹时能通气但不使棉花滑下为准。然后将移液管尖端放在 4~5cm 宽的长纸条一端呈 45°角折叠纸条包住尖端,用左手捏住管身,右手将吸管压紧,在桌面上向前滚动,以螺旋式包扎起来,上端剩余纸条折叠打结后干热灭菌。

3)无菌水:取 6 支试管,分别装入 4.5mL 蒸馏水,加棉塞,灭菌。

2. 样品稀释液的制备

1)编号:取无菌培养皿 9 套,分别用记号笔标记为 10^{-4}、10^{-5}、10^{-6}(稀释度)各 3 套。另取 6 支盛有 4.5mL 无菌水的试管,依次标记为 10^{-1}、10^{-2}、10^{-3}、10^{-4}、10^{-5}、10^{-6}。

2)稀释:用 1mL 无菌吸管吸取 1mL 已充分混匀的菌悬液(待测样品),精确地放 0.5mL 至 10^{-1} 漩涡,此即 10 倍稀释。将多余的菌液放回原菌液中。

将 10^{-1} 试管置漩涡振荡器上振荡,使菌液充分混匀。另取一支 1mL 吸管插入 10^{-1} 试管中来回吹打菌悬液 3 次,进一步将菌体分散、混匀。吹吸菌液时不要太猛太快,吸时吸管伸入管底,吹时离开液面,以免将吸管中的过滤棉花浸湿或使试管内液体外溢。用此吸管吸取 10^{-1} 试管中菌液 1mL，精确地放 0.5mL 至 10^{-2} 试管，此即 100 倍稀释。其余依次类推，整个过程如图 20-1 所示。

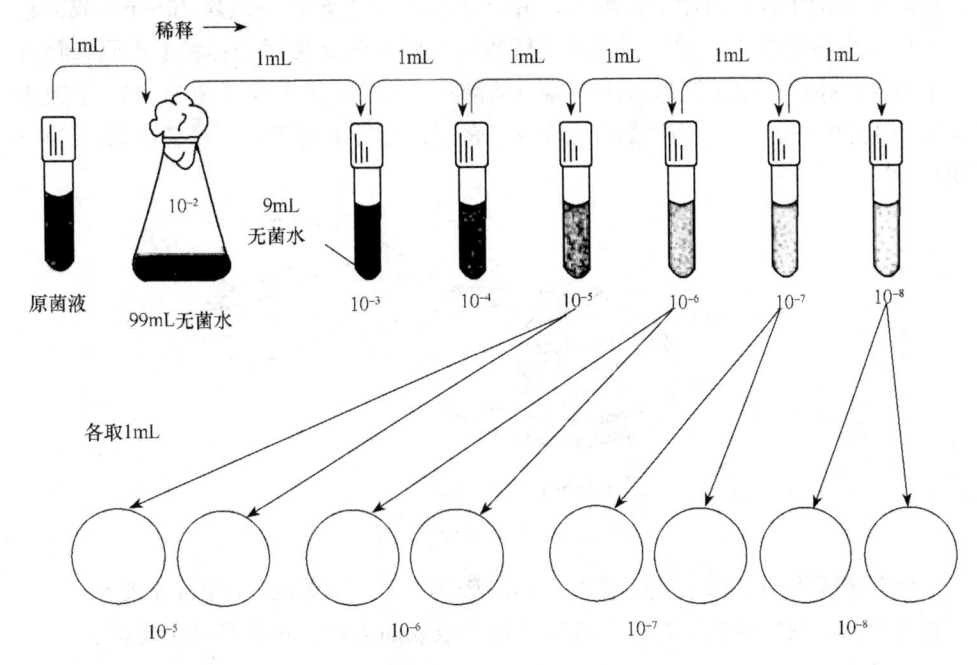

图 20-1 样品稀释方法

放菌液时吸管尖不要碰到液面，即每一支吸管只能接触一个稀释度的菌悬液，否则稀释不准确，结果误差较大。

3. 平板接种培养

平板接种培养有倾注平板培养法和涂布平板培养法两种方法。

（1）倾注平板培养法

1）取样：用 3 支 1mL 无菌吸管分别吸取 10^{-4}、10^{-5} 和 10^{-6} 的稀释菌悬液各 1mL，对号放入编好号的无菌培养皿中，每个培养皿放 0.2mL。不要用 1mL 吸管，每次只靠吸管尖部吸 0.2mL 稀释菌液放入培养皿中，这样容易加大同一稀释度几个重复平板间的操作误差。

2）倒平板：尽快向上述盛有不同稀释度菌液的培养皿中倒入熔化后冷却至 45℃左右的培养基约 15mL，置水平位置迅速旋动培养皿，使培养基与菌液混合均匀，而又不使培养基荡出培养皿或溅到培养皿盖上。待培养基凝固后，将平板倒置于 37℃恒温培养箱中培养。

由于细菌易吸附到玻璃器皿表面，因此将菌液加入培养皿后，应尽快倒入熔化并已冷却至 45℃左右的培养基，立即摇匀，否则细菌将不易分散或长成的菌落连在一起，影响计数。

（2）涂布平板计数法　　平板菌落计数法的操作除上述倾注倒平板的方式以外，还可以用涂布平板的方式进行。二者操作基本相同，所不同的是后者先将培养基熔化后倒平板，待凝固后编号，并于37℃左右的温箱中烘烤30min，或在超静工作台上适当吹干，然后用无菌吸管吸取稀释好的菌液对号接种于不同稀释度的平板上，并尽快用无菌玻璃涂布棒将菌液在平板上涂布均匀（图20-2），平放于实验台上20～30min，使菌液渗入培养基表层，然后倒置于的恒温箱中培养24～48h。

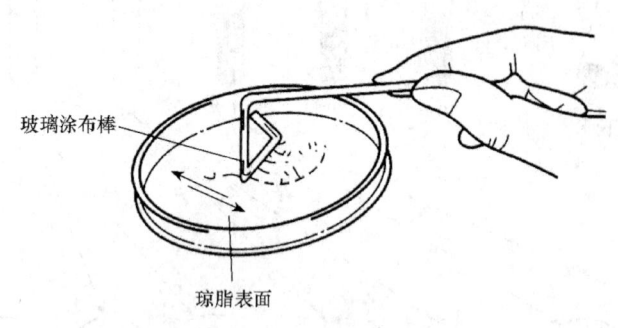

图 20-2　涂布平板计数法

涂布平板用的菌悬液量一般以 0.1mL 较为适宜，如果过少，菌液不易涂布开；过多则在涂布完后或在培养时菌液仍会在平板表面流动，不易形成单菌落。

4. 计数

培养 48h 后，取出培养平板，算出同一稀释度 3 个平板上的菌落平均数，并按下列公式进行计算：

$$\text{每毫升中菌落形成单位（cfu）} = \text{同一稀释度 3 次重复的平均菌落数} \times \text{稀释倍数} \times 5$$

一般选择每个平板上长有 30～300 个菌落的稀释度计算每毫升的含菌量较为合适。同一稀释度的 3 个重复对照的菌落数不应相差很大，否则表示实验不精确。实际工作中同一稀释度重复对照平板不能少于 3 个，这样便于数据统计，减少误差。由 10^{-4}、10^{-5} 和 10^{-6} 3 个稀释度计算出的每毫升菌液中菌落形成单位数也不应相差太大。

平板菌落计数法，所选择倒平板的稀释度是很重要的。一般以 3 个连续稀释度中的第二个稀释度倒平板培养后所出现的平均菌落数在 50 个左右为好，否则要适当增加或减少稀释度加以调整。

五、注意事项

1. 样品的稀释：在平板菌落计数法实验中，若计数细菌、放线菌和酵母菌等菌落数,一般选择每个平板上长有 30~300 个菌落的稀释度较合适;若计数霉菌,选择每个平板上长有 10~100 个菌落的稀释度较合适。

2. 同一稀释度的 3 个培养皿的菌数不能相差很悬殊。

3. 由 3 个相邻的稀释度计算出的每毫升样品含菌数应相差不大。

4. 平板菌落计数法对产甲烷菌等严格厌氧菌的计数不合适。

六、实验结果

将实验结果填入表 20-1 中。

表 20-1　微生物菌落计数

稀释度	10^{-4}				10^{-5}				10^{-6}			
	1	2	3	平均	1	2	3	平均	1	2	3	平均
cfu 数/平板												
每毫升中的 cfu 数												

七、思考题

1. 为什么熔化后的培养基要冷却至 45℃左右才能倒平板?
2. 要使平板菌落计数准确,需要掌握哪几个关键?为什么?
3. 试比较平板菌落计数法和显微计数法的优缺点及应用。
4. 当平板上长出的菌落不是均匀分散的而是集中在一起时,你认为问题出在哪里?
5. 用倾注平板法和涂布法计数,其平板上长出的菌落有何不同?为什么要培养较长时间(48h)后观察结果?

实验 21　MPN 法测定活性污泥中的硝化细菌数

一、实验目的

1. 了解 MPN 法测定硝化细菌数量的原理。
2. 学会采用 MPN 法测定废水处理厂活性污泥中的硝化细菌数量的方法。

二、实验原理

硝化细菌是一群形态各异、生理特性相似的革兰氏阴性菌,包括 2 个生理亚群,即能将氨氧化为亚硝酸的亚硝化细菌和将亚硝酸氧化为硝酸的硝化细菌。

由于该群菌具有上述生理特点，因此在对废水中氮的有效处理起着重要作用（即废水在好氧条件下通过硝化作用使氨态氮转化为硝态氮，再在缺氧条件下，通过某些微生物反硝化作用使硝态氮转化为氮气释放出来，使氮从污水中去除）。以往研究表明，废水处理系统活性污泥中的硝化细菌数量也是判断废水处理中脱氮效果好坏的重要依据之一。本实验介绍采用 MPN 法测定活性污泥中的硝化细菌量。

MPN（most probable number）法的中译名为最可能数法或最近似值法，它是将不同稀释度的待测样品接种至液体培养基中培养，然后根据受检菌的特性选择适宜的方法以判断其生长情况，并经统计学处理进行计数。此法也称稀释液体培养计数法或稀释频度法。

三、实验器材

（1）活性污泥样品　采自污水处理厂，共2份。
（2）培养基（修改的 Buhospagckud 培养基）　$(NH_4)_2SO_4$ 2g，$FeSO_4$ 0.2g，K_2HPO_4 1g，$MgSO_4$ 0.5g，NaCl 2g，$CaCO_3$ 5g，蒸馏水 1000mL，pH＝7.2，121℃，20min 灭菌。
（3）试剂
1）pH 7.2 磷酸盐缓冲液：0.2mol/L $Na_2HPO_4 \cdot 2H_2O$ 180mL，0.2mol/L $NaH_2PO_4 \cdot 2H_2O$ 70mL，蒸馏水 250mL。
2）Griess 试剂：Ⅰ液，对氨基苯磺酸 0.5g，稀乙酸（10%左右）150mL；Ⅱ液，α-萘胺 0.1g，蒸馏水 20mL，稀乙酸（10%左右）150mL。
3）二苯胺试剂：二苯胺 0.5g、浓硫酸 100mL、蒸馏水 20mL，先将二苯胺溶于浓硫酸中，再将此溶液倒入 20mL 蒸馏水中。
（4）仪器及用具　CSP-2 型超声波发生器（频率为 200Hz）、无菌试管、无菌移液管（1～10mL）、无菌烧杯（100mL）、比色用白瓷板、记号笔、试管架等。

四、实验步骤

1. 活性污泥样品预处理

取采集的活性污泥样品 1mL 加入装有 99mL pH 7.2 的磷酸盐缓冲液的 100mL 烧杯中，用 CSP-2 型超声波发生器（频率为 200Hz）超声振荡 1min，以分散包埋在菌胶团中的细菌。

2. 样品液稀释

将上述处理过的活性污泥，用 pH 7.2 的磷酸盐缓冲液做逐级稀释，从 10^{-3} 稀释至 10^{-7}。

3. 样品稀释液的接种和培养

取上述不同稀释度的样品液各 1mL,分别接种于含 10mL 经修改的 Buhospagckud 培养基的试管中,每一稀释度重复接种 5 管,28℃培养 20d(不接种的对照管同时培养)。

4. 结果观察

用无菌移液管分别吸取少许上述不同浓度的试管培养液并加入白瓷板的凹窝中,然后在其中分别加入 Griess 试剂(Ⅰ液和Ⅱ液各 2 滴)和二苯胺试剂(2 滴)。出现红色者为亚硝化细菌阳性管[若培养液中有亚硝酸盐,则它与Ⅰ液(对氨基苯磺酸)发生重氮化作用,生成对重氮苯磺酸;后者可与Ⅱ液(α-萘胺)反应,生成 N-$α$-萘胺偶氮苯磺酸(红色化合物)],出现蓝色者为硝化细菌阳性管(硝酸盐氧化二苯胺的特有反应)。此外,在结果观察时,须先测定空白对照管液体中是否含亚硝酸盐和硝酸盐。

五、注意事项

1. 硝化细菌生长极其缓慢,故培养时间不宜太短,否则可能会得到假阴性结果。

2. 硝化细菌培养温度一般因菌源而异。从中温环境中取得的样品,最适生长温度为 26～28℃,而从高温环境下取得的样品,则在 40℃下生长较好。

六、实验结果

本实验测定中,培养液无论出现红色还是蓝色,都记作硝化细菌阳性管,并将各测定结果记录在表 21-1 中。

表 21-1 实验结果

样品	不同稀释度阳性管数					硝化细菌/ (MPN/mL)
	10^{-3}	10^{-4}	10^{-5}	10^{-6}	10^{-7}	

最后根据不同稀释度出现的阳性管数,查 MPN 表(表 21-2),并根据样品的稀释度换算成 1mL 活性污泥样品中所含的硝化细菌数量。

表 21-2　MPN 法 5 次重复测数统计表

数量指标	细菌最可能数	数量指标	细菌最可能数	数量指标	细菌最可能数	数量指标	细菌最可能数
000	0.0	203	1.2	400	1.3	513	8.5
001	0.2	210	0.7	401	1.7	520	5.0
002	0.4	211	0.9	402	2.0	521	7.0
010	0.2	212	1.2	403	2.5	522	9.5
011	0.4	220	0.9	410	1.7	523	12.0
012	0.6	221	1.2	411	2.0	524	15.0
020	0.4	222	1.4	412	2.5	525	17.5
021	0.6	230	1.2	420	2.0	530	8.0
030	0.6	231	1.4	421	2.5	531	11.0
100	0.2	240	1.4	422	3.0	532	14.0
101	0.4	300	0.8	430	2.5	533	17.5
102	0.6	301	1.1	431	3.0	534	20.0
103	0.8	302	1.4	432	4.0	535	25.0
110	0.4	310	1.1	440	3.5	540	13.0
111	0.6	311	1.4	441	4.9	541	17.0
112	0.8	312	1.7	450	4.0	542	25.0
120	0.6	313	2.0	451	5.0	543	30.0
121	0.8	320	1.4	500	2.5	544	35.0
122	1.0	321	1.7	501	3.0	545	45.0
130	0.8	322	2.0	502	4.0	550	25.0
131	1.0	330	1.7	503	6.0	551	35.0
140	10.	331	2.0	504	7.5	552	60.0
200	0.5	340	2.0	510	3.5	553	90.0
201	0.7	341	2.5	511	4.5	554	160.0
202	0.9	350	2.5	512	6.0	555	180.0

　　如实验取得表 21-3 的结果，则可根据不同稀释度培养液阳性管数确定数量指标。无论稀释度及重复次数如何，数量指标均为 3 位数字。其第一位数字必须是在不同稀释度中所有重复次数都为阳性的最高稀释度，如表 21-3 中 10^{-4}。在此样品中，其数量指标为 542。如果其后的稀释度还有阳性管数 10^{-7}，不是 0 而是 2，则应将此数加入数量指标的最末位数字上，即为 544。则查 MPN 表后，结果为 3.5×10^5 MPN/mL。

表 21-3　活性污泥样品中硝化细菌测定结果

稀释度	10^{-3}	10^{-4}	10^{-5}	10^{-6}	10^{-7}
阳性管数	5	5	4	2	0

实验 22　比浊法测定大肠杆菌的生长曲线

一、实验目的

1. 通过细菌数量的测量了解大肠杆菌的生物特征和规律，并绘制生长线。
2. 掌握光电比浊计数法测定大肠杆菌生长曲线的方法。

二、实验原理

在合适的条件下，一定时期的大肠杆菌细胞每 20min 分裂一次。将一定量的细菌转入新鲜培养液中，在适宜培养条件下的细胞要经历延迟期、对数期、稳定期和衰亡期 4 个阶段。以培养时间为横坐标，细菌数目的对数或生长速率为纵坐标所绘制的曲线称为该细菌的生长曲线。不同的细菌在相同的培养条件下其生长曲线不同，同样的细菌在不同的培养条件下所绘制的生长曲线也不相同。测定细菌的生长曲线，了解其生长繁殖的规律，对于人们根据不同的需要，有效地利用和控制细菌的生长具有重要意义。

当光线通过微生物菌悬液时，菌体的散射及吸收作用使光线的透过量降低。在一定范围内，微生物细胞浓度与透光度成反比，与光密度成正比，而光密度或透光度可以通过光电池精确测出。因此，可利用一系列菌悬液测定的光密度及其含菌量，作为光密度与菌落数的标准曲线，然后根据样品液所测得的光密度，从标准曲线中查出对应的菌数（图 22-1）。

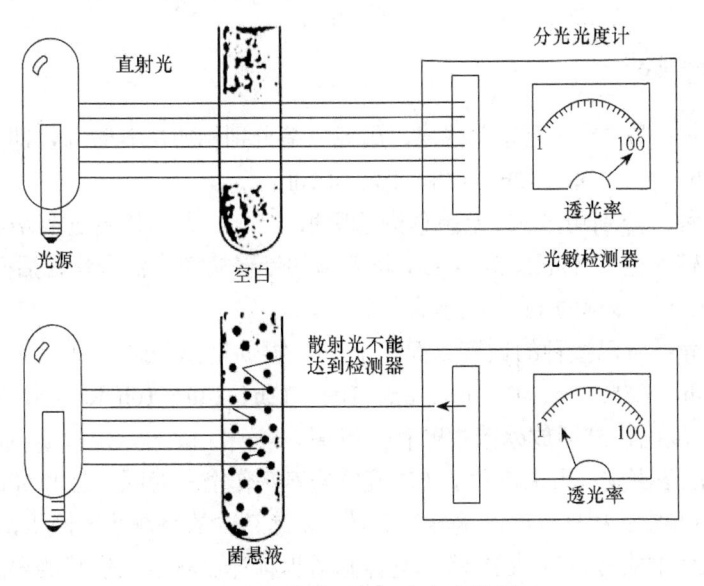

图 22-1　比浊法测定细胞密度的原理

用于测定微生物细胞数量的方法有几种。本实验用分光光度计进行光电比浊，测定不同培养时间细菌悬浮液 OD 值，绘制生长曲线，也可以直接用试管或带有测定管的锥形瓶。测定"凯尔特单位（Klett units）"值的光度计，只要接种一支试管（图 22-2）或一个带侧臂管的锥形瓶（图 22-3），在不同的培养时间（横坐标）取样测定，以测得的 Klett units 为纵坐标，便可很方便地绘制出细菌的生长曲线。如果需要，可根据公式 1 Klett units＝OD/0.002 换算出所测菌悬液的 OD 值。

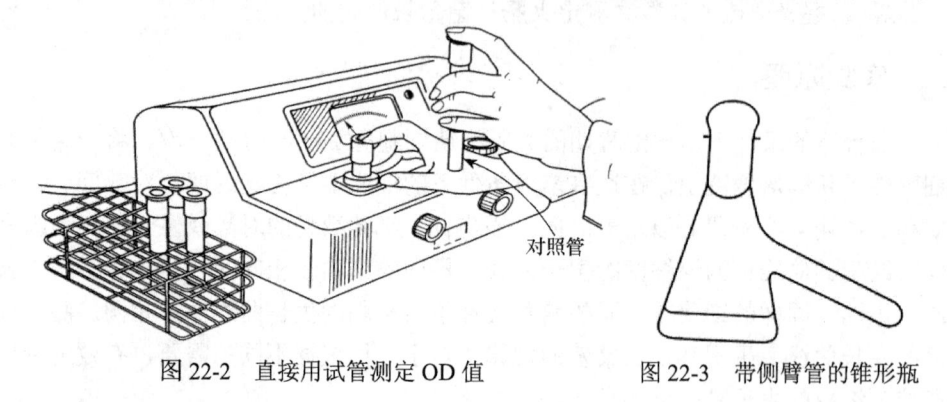

图 22-2　直接用试管测定 OD 值　　　图 22-3　带侧臂管的锥形瓶

三、实验器材

（1）菌种与培养基　　大肠杆菌，LB 液体培养基 70mL，分装 2 支大试管（5mL/支），剩余 60mL 装入 250mL 的锥形瓶。

（2）仪器及用具　　722 型分光光度计、水浴振荡摇床、无菌试管和无菌吸管等。

四、实验步骤

1）标记：取 11 支无菌大试管，用记号笔分别标明培养时间，即 0h、1.5h、3h、4h、6h、8h、10h、12h、14h、16h 和 20h。

2）接种：分别用 5mL 无菌移液管吸取 2.5mL 大肠杆菌过夜培养液（培养 10～12h）转入盛有 50mL 液体 LB 培养基的锥形瓶内，混合均匀后分别取 5mL 混合液转入上述标记的 11 支无菌大试管中。

3）培养：将已接种的试管置摇床上 37℃振荡培养（振荡频率为 250r/min），分别培养 0h、1.5h、3h、4h、6h、8h、10h、12h、14h、16h 和 20h，将标有相应时间的试管取出，立即放冰箱中贮存，待测。

4）比浊法测定：用未接种的 LB 液体培养基作空白对照，选用 600nm 波长进行光电比浊测定。从早取出的培养液开始，将冰箱中的待测培养液依次进行测定，对细胞密度大的培养液用 LB 液体培养基适当稀释后测定，使其测得的光密度值在 0.1～0.65。

五、注意事项

1. 在测定过程中，尽量控制光密度值在 0.1～0.65，以得到较高的精确度。

2. 颜色过深的样品或样品中还含有其他物质的悬液，不能用比浊法测定细胞生长量。

3. 每种微生物的最大吸光峰不一致，因此应当进行稳定性实验确认后才能以此波长进行比浊测定。

六、实验结果

1. 将实验数据填入表 22-1 中。

表 22-1 细菌培养液 OD 值测定结果

培养时间/h	对照	0	1.5	3	4	6	8	10	12	14	16	20
OD 值												

2. 绘制大肠杆菌生长曲线。

七、思考题

1. 如果用活菌计数法制作生长曲线，你认为与光电比浊法相比会有什么不同？两者各有什么优缺点？

2. 用光电比浊法测定 OD 值时，如何选择波长？为什么要用未接种的 LB 液体培养基作空白对照？

3. 细菌生长繁殖所经历的 4 个时期中哪个时期代时最短？若细胞密度为 10^3 个/mL，培养 5h 后，其密度高达 2×10^8/mL，请计算出代数。

4. 次生代谢物的大量积累在哪个时期？根据细菌生长繁殖的规律，采用哪些措施可使次生代谢产物积累更多？

第五章 微生物的生理生化反应

实验 23 大分子物质的水解实验

一、实验目的

1. 通过了解不同细菌对不同的生物大分子的分解利用情况,从而认识微生物代谢类型的多样性。
2. 掌握微生物大分子水解实验的原理和方法。
3. 学习平板接种法及穿刺接种法。

二、实验原理

不同微生物具有不同的酶系(包括胞内酶和胞外酶),因而在其生命活动过程中表现出不同的生理特征,在代谢类型上表现出很大的差异。例如,对大分子糖类(碳源)和蛋白质(氮源)的分解能力,以及分解代谢的最终产物等有很大的不同。微生物对环境的温度、pH、氧气、渗透压等理化因素的要求及敏感性等也有很大的差异,这些因素都能影响微生物的生长。

在微生物生活细胞中产生的全部生物化学反应称为代谢,代谢过程实际上是酶促反应过程。微生物的代谢类型具有多样性,这使得微生物在自然界的物质循环中起着重要作用,同时也为人类开发利用微生物资源提供了更多的机会与途径。

微生物在生长繁殖过程中,需从外界环境吸收营养物质。外界环境中的小分子有机物可被微生物直接吸收,而大分子有机物则不能被微生物直接吸收,它们须经微生物分泌的胞外酶将其分解为小分子有机物,才能被吸收利用。例如,生物大分子中的淀粉、蛋白质、脂肪等须经微生物分泌的胞外酶,如淀粉酶、蛋白酶、脂肪酶分别分解为糖、肽、氨基酸、脂肪酸等之后,才能被微生物吸收而进入细胞。

为了更好地利用微生物的多种发酵类型和代谢产物,为发酵工业做贡献,我们必须了解不同微生物的生理特性,并熟悉其生理特点。为此,现分别介绍微生物对碳源的利用试验和微生物对氮源的利用试验。

(一)微生物对碳源的利用试验

碳源是微生物需要量最大且最基本的营养要素,能作为微生物碳源的最主要物质是各种糖类和脂类。进行糖类发酵试验主要是研究多种糖类能否被微生物作为碳源或能源进行利用,是常用的鉴别微生物的生理生化反应。

1. 淀粉水解试验

微生物对大分子的淀粉不能直接利用，必须依靠其产生的胞外酶（水解酶），将淀粉分解为较小的化合物，才能被运输至细胞内为微生物所吸收利用。

某些细菌能够分泌淀粉酶（胞外酶），将淀粉水解为麦芽糖和葡萄糖，再被细菌吸收利用。淀粉遇碘液会产生蓝色反应，但淀粉被水解后遇碘液不再变蓝色，可说明此细菌能产生淀粉酶。

2. 脂肪水解试验

脂肪也是碳源之一，微生物不能直接利用大分子的脂肪，必须依赖其产生的胞外脂肪酶，将培养基中的脂肪水解为甘油和脂肪酸，才能被微生物所吸收利用。所产生的脂肪酸，可通过预先加入油脂培养基中的中性红加以指示[指示范围pH＝6.8（红色）～8.0（黄色）]。当细菌分解脂肪产生脂肪酸时，培养基中出现红色斑点，说明微生物能产生胞外酶。

（二）微生物对氮源的利用试验

氮源是能被微生物用来构成细胞物质和代谢产物中氮素的营养物质，而氮素是构成微生物细胞蛋白质和核素的主要元素。由于微生物对不同氮素的分解利用情况有很大差别，因此对氮素的需要和利用也有差异，所以就成了微生物分类鉴别的重要依据之一。

1. 明胶液化试验

明胶是一种动物蛋白，是由胶原蛋白经水解产生的蛋白质。明胶培养基在低于25℃时可以维持凝胶状态，高于25℃便会自行液化，某些细菌能产生蛋白酶（胞外酶），将明胶水解成小分子物质，因此培养此细菌的培养基即使在低于25℃的温度下，明胶也不再凝固，而由原来的固体状态变为液体状态，甚至在4℃时仍能保持液化状态，说明该细菌能产生蛋白酶。

2. 石蕊牛乳试验

牛乳中主要含有乳糖和酪蛋白（酪素）。细菌对牛乳的利用主要是指对乳糖及酪蛋白的分解利用。牛乳中加入石蕊作为酸碱指示剂和氧化还原指示剂。石蕊中性时呈淡紫色，酸性时呈粉红色，碱性时呈蓝色，还原时则部分或全部褪色变白。细菌对牛乳的作用有以下几种情况。

1）产酸：细菌发酵乳糖产酸，使石蕊变红。

2）产碱：细菌分解酪蛋白产生碱性物质，使石蕊变蓝。

3）胨化：细菌产生蛋白酶，使酪蛋白分解，故牛乳变成清亮透明的液体。

4）酸凝固：细菌发酵乳糖产酸，使石蕊变红，当酸度很高时，可使牛乳凝固。

5）凝乳酶凝固：细菌产生凝乳酶，使牛乳中的酪蛋白凝固，此时石蕊呈蓝色或不变色。

6）还原：细菌生长旺盛时，使培养基氧化还原电位降低，因而石蕊被还原而褪色。

3. 尿素试验

尿素是大多数哺乳动物消化蛋白质后分泌在尿中的废物。尿素酶能分解尿素释放氨，这是一个分辨细菌很有用的实验。尽管很多微生物都可以产生尿素酶，但它们利用尿素的速度比变形杆菌属的细菌要慢，因此尿素试验被用来从其他非发酵乳糖的肠道微生物中快速区分这个属的成员。尿素琼脂含有蛋白胨、葡萄糖、尿素和酚红。酚红指示剂在 pH 6.8 时为黄色，而在培养过程中，产生尿素酶的细菌将分解尿素产生氨，使培养基的 pH 升高，在 pH 升至 8.4 时，指示剂就转变成深粉红色。

三、实验器材

（1）菌种　　枯草芽孢杆菌，金黄色葡萄球菌，大肠杆菌，产气肠杆菌，黏乳产碱菌，铜绿假单胞菌。

（2）培养基　　淀粉培养基，油脂培养基，明胶液化培养基，石蕊牛乳培养基，尿素培养基斜面。

（3）溶液或试剂　　革兰氏染色用鲁戈氏碘液。

（4）仪器及用具　　无菌平板，无菌试管，接种环，接种针，试管架，酒精灯，酒精棉，恒温箱。

四、实验步骤

1. 淀粉水解试验

1）将装有淀粉培养基的锥形瓶置于沸水浴中熔化，然后取出冷却至 50℃左右，即倾入培养皿中，待凝固后制成平板。

2）翻转平板使底皿向上，用记号笔在其上划一条线，将培养皿分成两半，一半用于接种枯草芽孢杆菌作为阳性对照菌，另一半用于接种试验菌大肠杆菌或产气肠杆菌。接种时用接种环取少量菌苔，在平板两边各划"＋"。如图23-1所示。

3）将接完种的平板倒置于37℃恒温箱中培养24h。

4）观察结果时，打开培养皿盖，滴加少量碘液于平板上，轻轻旋转，使碘液均匀铺满整个平板。如菌体周围出现无色透明圈，则说明淀粉已被水解，测试结果为阳性，反之为阴性。透明圈的大小，可初步判定该菌水解淀粉能力的强弱，即产生胞外淀粉酶活力的高低。

2. 油脂水解试验

1）将装有油脂培养基的锥形瓶置于沸水浴中熔化，取出并充分振荡（使油脂均匀分布），再倾入培养皿中，待凝固后制成平板。

2）翻转平板使底皿背面向上，用记号笔在其上划一条线，将培养皿分成两半。一半用于接种金黄色葡萄球菌作为阳性对照菌，另一半用于接种实验菌大肠杆菌或产气肠杆菌。接种时用接种环取少量菌在平板两边各划线接种，如图23-2所示。

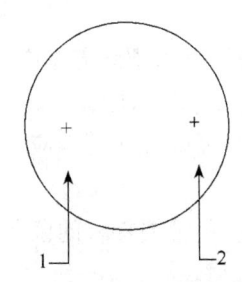

图 23-1　淀粉水解试验接种示意图
1. 枯草芽孢杆菌；2. 试验菌

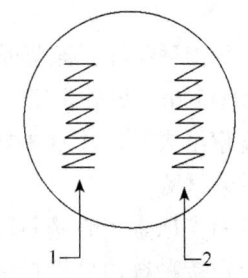

图 23-2　油脂水解试验接种示意图
1. 金黄色葡萄球菌；2. 试验菌

3）将接种完的平板倒置于37℃恒温箱中，培养24h。

4）观察结果时，注意观察平板上长菌的地方，如出现红色斑点，即说明脂肪已被水解，此为阳性反应，反之则为阴性。

3. 明胶液化试验

1）将装有明胶培养基的锥形瓶置于沸水浴中熔化，取出并充分振荡，再分装入试管，高温灭菌。

2）取几支盛有明胶培养基的试管，用记号笔标明各管中拟接种的菌种名称。

3）用穿刺接种法分别接种大肠杆菌或产气肠杆菌于明胶培养基中。接种后置于20℃恒温箱中，培养48h。

4）观察结果时，注意培养基有无液化情况及液化后的形状，如图23-3所示。

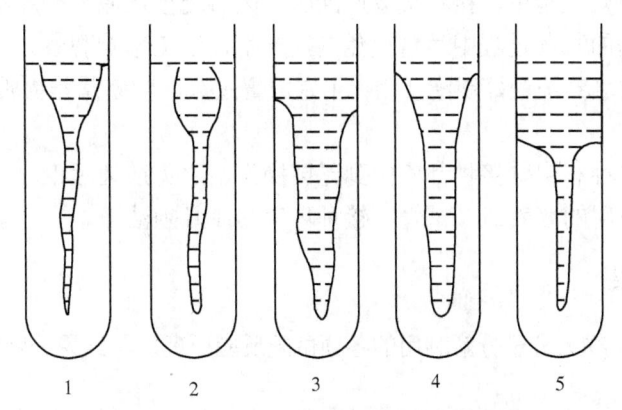

图 23-3　明胶穿刺接种液化后的各种形状
1. 火山口状；2. 芜箐状；3. 漏斗状；4. 囊状；5. 层状

4．石蕊牛奶试验

1）将装有石蕊牛奶培养基的锥形瓶置于沸水浴中熔化，取出并充分振荡，再分装入试管，高温灭菌。

2）取几支盛有石蕊牛奶培养基的试管，用记号笔标明各管中拟接种的菌种名称。

3）分别接种黏乳产碱菌或铜绿假单胞菌于两支石蕊牛奶培养基中，置于37℃恒温箱中培养7d。另外保留一支不接种石蕊牛奶培养基作对照。

4）观察结果时，注意牛奶有无产酸、产碱、凝固或胨化等反应。

5．尿素试验

1）取两支尿素培养基斜面试管，用记号笔标明各管要接种的菌名。

2）分别接种普通变形杆菌和金黄色葡萄球菌。

3）将接种后的试管置35℃培养24～48h。

4）观察培养基颜色变化。尿素酶存在时为红色，无尿素酶时应为黄色。

五、注意事项

1．淀粉水解试验中，如菌苔周围出现无色透明圈，说明淀粉已被水解，为阳性。可根据透明圈的大小初步判断该菌水解淀粉能力的强弱。

2．油脂水解试验中，如菌苔颜色出现红色的斑点，则说明各管脂肪水解，为阳性反应。

3．明胶液化试验中，将试验管从恒温箱中取出时注意不要晃动，静置于冰箱中30min，取出后立即倾斜试管，观察试管中明胶培养基是否液化。

4．石蕊牛奶试验中，产酸、产碱、凝固、胨化各现象是连续出现的，往往观察某种现象出现时，另一种现象已经消失了，所以观察时应留意。

5．石蕊牛奶试验中，接种细菌产酸时，因石蕊被还原，一般不呈红色。

6．培养基的制备过程中尽量避免气泡产生，以免影响观察。

7．制作的培养基最好现配现用，不宜放置过久，以免营养物质损失，影响实验结果。

8．平板接种和穿刺接种都应做到无菌操作，避免杂菌污染。

9．实验使用的培养皿、试管、接种环等器皿必须洁净。

六、实验结果

将细菌对生物大分子分解利用的各项试验反应原理及其结果分别填入表23-1及表23-2中。

表 23-1　细菌对生物大分子的分解利用各项试验反应原理

试验名称	反应物	细菌分泌胞外酶	水解产物	检查试剂	阳性反应
淀粉水解试验					
油脂水解试验					
明胶液化试验					
石蕊牛奶试验					
尿素试验					

表 23-2　细菌对生物大分子物质的分解利用各项试验结果

试验菌名	淀粉水解	油脂水解	明胶水解	石蕊牛乳	尿素试验
大肠杆菌					
产气杆菌					
金黄色葡萄球菌					
枯草芽孢杆菌					
黏乳产碱菌					
铜绿假单胞菌					

注：以"＋"表示阳性，以"－"表示阴性

七、思考题

1. 淀粉、油脂、明胶和酪蛋白等生物大分子物质能否不经分解而直接被细菌吸收？为什么？
2. 明胶液化试验中，为什么只能将接种后的培养基置于温箱中培养？
3. 怎样证明淀粉酶是胞外酶还是胞内酶？
4. 请解释在石蕊牛奶试验中的石蕊为什么能起到氧化还原指示剂的作用。

实验 24　糖发酵试验

一、实验目的

1. 了解糖发酵的原理及其在肠道细菌鉴定中的重要作用。
2. 掌握通过糖发酵鉴别不同微生物的方法。

二、实验原理

　　糖发酵试验是常用的鉴别微生物的生化反应，在肠道细菌的鉴定上尤为重要。绝大多数细菌都能利用糖类作为碳源和能源，但是它们在分解糖类物质的能力上有很大的差异。有些细菌能分解某种糖产生有机酸（如乳酸、乙酸、丙酸等）和气体（如氢气、甲烷、二氧化碳等）；有些细菌只产酸不产气。例如，大肠杆菌能分解乳糖和葡萄糖产酸和产气；伤寒杆菌分解葡萄糖产酸不产气，不能分解乳糖。普通变形杆菌分解葡萄糖产酸产气，不能分解乳糖。发酵培养基含有蛋白胨、指示剂（溴甲酚紫）、倒置的德汉氏小管和不同的糖类。当发酵产酸时，溴甲酚紫指示剂可由紫色（pH 6.8）变为黄色（pH 5.2）。气体的产生可由倒置的德汉氏小管（图24-1）或杜氏小管（图24-2）中有无气泡来证明。

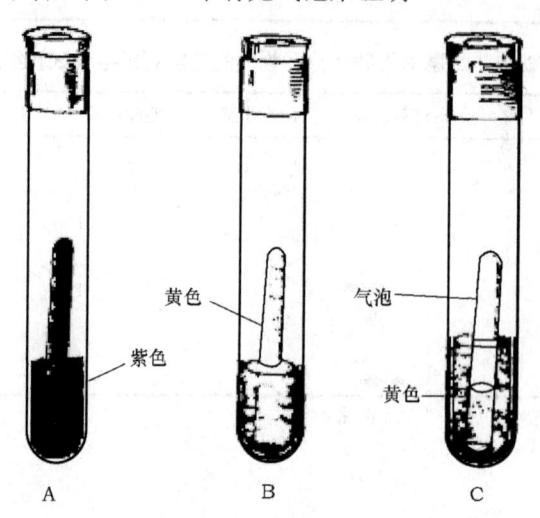

图24-1　糖发酵试验（德汉氏小管）

A. 培养前的情况；B. 培养后产酸不产气；C. 培养后产酸产气

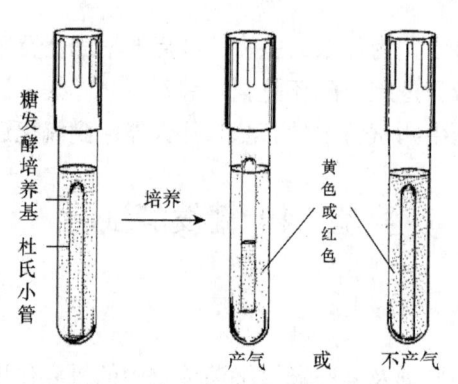

图24-2　糖发酵试验（杜氏小管）

三、实验器材

（1）菌种　　大肠杆菌、普通变形杆菌各一支。

（2）培养基　　葡萄糖发酵培养基、乳糖发酵培养基各3支（内装有倒置的德汉氏小管）。

（3）仪器及用具　试管架、接种环等。

四、实验步骤

1）用记号笔在各试管外壁上分别标明发酵培养基名称和所接种细菌的菌名。

2）取葡萄糖发酵培养基试管 3 支，分别接入大肠杆菌和普通变形杆菌，第三支不接种，作为对照。另取乳糖发酵培养基 3 支，同样分别接种大肠杆菌和普通变形杆菌，第三支不接种，作为对照。

3）将接种过和作为对照的 6 支试管均置于 37℃恒温箱，培养 24~48h。

4）观察各管颜色变化及德汉氏小管中有无气泡。

五、注意事项

1．接种后，轻缓摇动试管，使其均匀，防止倒置的小管进入气泡。

2．注意糖浓度不能太高，否则抑制细菌生长。

3．在糖发酵试验的培养液管中装入倒置的杜氏小管时，要防止管内有残留气泡。灭菌时适当延长煮沸时间可以除去管内气泡。

4．发酵试验是根据糖发酵产酸与否而使培养基 pH 有无改变来判断结果的，故培养基应该纯净、终 pH 应该符合要求，方可保证实验结果的可靠、准确。

5．在配制培养基时，pH 要调节适当，不能过高，高于 7.6 指示剂颜色会呈碱性时的蓝色。再者，pH 过高，也会影响对最终产酸量的判断。

六、实验结果

将实验结果填入表 24-1。

表 24-1　结果记录表

糖类发酵	大肠杆菌	普通变形菌	对照组
葡萄糖发酵			
乳糖发酵			

注：以"＋"表示产酸或产气；以"－"表示不产酸或不产气

七、思考题

1．假如某种微生物可以有氧代谢葡萄糖，发酵试验应该出现什么结果？

2．试分析糖发酵试验对培养基有什么要求。

3．试设计一种方法，既能观察细菌的糖发酵试验结果，同时又能观察细菌的运动性。

实验 25 IMViC 与硫化氢试验

一、实验目的

1. 学习掌握 IMViC 与硫化氢试验的原理及方法。
2. 比较不同细菌 IMViC 的试验结果。
3. 了解 IMViC 与硫化氢试验在肠道菌鉴定中的意义。

二、实验原理

IMViC 是吲哚试验（indol test）、甲基红试验（methyl red test）、伏-普试验（Voges-Prokauer test）和柠檬酸盐试验（cirate test）4 个试验的缩写。主要用于快速鉴别大肠杆菌和产气肠杆菌，多用于水细菌学检查。硫化氢试验也是检查肠道杆菌的生化试验。大肠杆菌虽非致病菌，但在饮用水中超过一定数量，则表示受粪便污染，产气肠杆菌也广泛存在于自然界中，因此检查水时要将两者分开。

1. I——吲哚试验（indol test）

吲哚试验用于检测吲哚的产生，在蛋白胨培养基中，某些细菌可产生色氨酸酶，分解蛋白胨中的色氨酸产生吲哚和丙酮酸。对二甲基氨基苯甲醛遇吲哚形成玫瑰吲哚（红色）。但并非所有的微生物都具有分解色氨酸产生吲哚的能力，因此吲哚试验可以作为一个生物化学检测的指标。

2. M——甲基红试验（methyl red test）

甲基红试验用来检测由葡萄糖产生的有机酸，如甲酸、乙酸、乳酸等。当细菌代谢糖产生酸时，培养基就会变酸，使加入培养基中的甲基红指示剂由橙黄色（pH=6.3）转变为红色（pH=4.2），即甲基红反应。尽管所有的肠道微生物都能发酵葡萄糖产生有机酸，但这个试验在区分大肠杆菌和产气肠杆菌上仍然是有价值的。这两个细菌在培养的早期均产生有机酸，但大肠杆菌在培养后期仍能维持酸性（pH=4），而产气肠杆菌则转化有机酸为非酸性末端产物，如乙醇、丙酮酸等，使 pH 大约升至 6，因此，大肠杆菌为阳性，产气肠杆菌为阴性。

3. V——伏-普试验（Voges-Prolauer test）

伏-普试验用来测定某些细菌利用葡萄糖产生非酸性或中性末端产物，如丙酮酸。丙酮酸进行缩合、脱羧生成乙酰甲基甲醇，此化合物在碱性条件下能被空气中的氧气氧化成二乙酰。二乙酰与蛋白胨中精氨酸的胍基作用，生成红色化合物，即伏-普反应阳性；不产生红色化合物者为阴性反应。有时为了使反应更为明显，可加入少量含胍基的化合物，如肌酸等。

4. C——柠檬酸盐试验（citrate test）

柠檬酸盐试验用来检测柠檬酸盐是否被利用。有些细菌能够利用柠檬酸钠作为碳源，如产气杆菌；而另一些细菌则不能利用柠檬酸盐，如大肠杆菌。细菌在分解柠檬酸盐及培养基中的磷酸铵后，产生碱性化合物，使培养基的 pH 升高，当加入 1%溴麝香草酚蓝指示剂时，培养基就会由绿色变为深蓝色。溴麝香草酚蓝的指示范围为：pH 小于 6.0 时呈黄色，pH 为 6.5~7.0 时为绿色，pH 大于 7.6 时呈蓝色。

5. 硫化氢试验（H_2S test）

有些细菌能够分解含硫有机物如胱氨酸、半胱氨酸和甲硫氨酸，产生硫化氢（H_2S），硫化氢遇重金属盐类（如铅盐或铁盐等）则形成黑色的硫化铅或硫化铁的沉淀物，从而可确定硫化氢的产生。测定方法有两种：一种是用含柠檬酸铁铵的培养基进行穿刺培养，看是否有黑色沉淀产生；另一种是在盛有液体培养基的试管中接种细菌以后，在试管的棉塞下吊一片乙酸铅试纸，经培养后看乙酸铅试纸是否变黑（乙酸铅试纸的制备：将普通滤纸浸泡在 1%乙酸铅溶液中，取出晾干，高压灭菌后 105℃烘干备用）。

三、实验器材

（1）菌种　　大肠杆菌、产气杆菌、变形杆菌。
（2）培养基　　蛋白胨水培养基、葡萄糖蛋白胨水培养基、柠檬酸盐斜面培养基、乙酸铅培养基。
（3）试剂　　甲基红（M.R.）试剂、V.P 试剂、柠檬酸铁铵、乙醚等。
（4）仪器及用具　　恒温箱、试管、载玻片、接种环等。

四、实验步骤

1. 吲哚试验

取蛋白胨水培养基试管两支，分别接种大肠杆菌、产气杆菌，并在试管上注明菌名，置于 37℃恒温箱，培养 48h。培养后取出，缓缓滴加吲哚试剂 5 滴，有红色环出现者为阳性，黄色为阴性。也可以在培养液中先加入约 1mL 乙醚（使其呈明显的乙醚层），充分振荡，使吲哚试剂溶于乙醚，静置片刻，使乙醚层悬浮于培养基上面，这时再沿着试管壁慢慢加入吲哚试剂 5~10 滴，观察有无红色环出现。

2. 甲基红试验

取葡萄糖蛋白胨水培养基两支，分别接种大肠杆菌和产气杆菌，置于 37℃恒温箱，培养 48h。将培养后的试管取出，沿着试管壁加入甲基红指示剂 3~4 滴，上层呈现红色者为阳性。

3. 伏-普试验

取葡萄糖蛋白胨水培养基两支，分别接种大肠杆菌和产气杆菌，置于 37℃恒温箱，培养 24h。取出加入与培养基等量的 V.P 试剂，放置 37℃恒温箱 30min，如呈现红色者为阳性，不呈现红色者为阴性。

4．柠檬酸盐试验

取柠檬酸盐斜面两支，分别接种大肠杆菌和产气杆菌，注明菌名，置于 37℃ 恒温箱，培养 48h 后观察，培养基颜色由绿色变为深蓝色者为阳性，不变者为阴性。

5．硫化氢试验

取乙酸铅培养基两支（内含有柠檬酸铁铵），分别穿刺接种大肠杆菌和变形杆菌，在试管上注明菌名，置于 37℃ 恒温箱，培养 24h。培养后取出观察，看有无黑色沉淀产生。

五、注意事项

1．吲哚试验中加入吲哚试剂后不可再摇动，否则被混合，红色不明显。

2．在配制培养基时，pH 要调节适当，不能过高，pH 过高，会影响对最终产酸量的判断，而出现假阴性，即 pH 不够低而未使甲基红变红。

3．培养基定量分装，在观察结果时试剂也应定量加入，其结果才更准确、可信。

4．V.P 试验在观察结果时，加完试剂后需充分振荡，此步反应是与空气中氧气接触氧化的过程，该反应速度较慢，需 5~10min 才能出现结果。

5．在配制柠檬酸盐斜面培养基时，其 pH 不要偏高，以浅绿色为宜。

6．甲基红试剂不能加得太多，以免出现假阳性。

7．做穿刺接种时，接种针一定要直，蘸取菌种后接种要垂直刺入，然后沿原穿刺路线将针拔出，否则影响观察结果。

六、实验结果

将各生化反应结果填入表 25-1 中。

表 25-1 结果记录表

实验项目	大肠杆菌	变形杆菌	产气杆菌
吲哚试验			
甲基红试验			
伏-普试验			
柠檬酸盐试验			
硫化氢试验			

七、思考题

1．为什么说进行生理生化反应试验必须是纯培养？

2. 硫化氢试验为什么采用穿刺方法接种？

3. 甲基红试验和伏-普试验的最初作用物及最终产物有何异同？为什么会出现最终产物的不同？

4. 解释在细菌培养中吲哚检测的化学原理，为什么在这个试验中用吲哚的存在作为色氨酸酶活性的指示剂，而不用丙酮酸？

5. 讨论 IMViC 试验在医学检验上的意义。

第二部分　综合性实验

实验26　空气/实验台/门把手微生物的检测

一、实验原理

平板培养基含有细菌生长所需要的营养成分，将取自不同来源的样品接种于培养基上，在37℃温度下培养，1~2d 内每个菌体均能通过很多次细胞分裂而进行繁殖，形成一个可见的细胞群体的集落，称为菌落。每一种细菌所形成的菌落都有其自己的特点，如菌落的大小，表面干燥或湿润、隆起或扁平、粗糙或光滑，边缘整齐或不整齐，菌落透明或半透明或不透明，颜色及质地疏松或紧密等。因此，可通过平板培养来检查环境中细菌的数量和类型。

二、实验目的

1. 测定空气中所含微生物的数量。
2. 比较来自不同场所与不同条件的细菌的数量和类型。
3. 体会无菌操作的重要性。

三、实验器材

（1）培养基和试剂　　牛肉膏蛋白胨琼脂平板培养基，无菌水。
（2）仪器及用具　　超净工作台，灭菌棉签（装在试管内），接种环，试管架，酒精灯或煤气灯，记号笔，废物缸，培养箱等。

四、实验步骤

1. 写标签

任何一个实验，在动手操作前均需首先将器皿用记号笔做上记号，培养皿的记号一般写在皿底上。如果写在皿盖上，同时观察两个以上培养皿的结果，打开皿盖时，容易混淆。用记号笔写上班级、姓名、日期，本次实验还要写上样品来源（如实验室空气、无菌室空气或头发等），字尽量小些，写在皿底的一边，不要写在中间，以免影响观察结果。

2. 空气中细菌检查

将一个牛肉膏蛋白胨琼脂平板放在实验室，移去培养皿盖，使琼脂培养基表面暴露在空气中；将另一个牛肉膏蛋白胨琼脂平板放在无菌室或无人走动的其他实验室，移去培养皿盖。1h 后盖上两个培养皿盖。

3. 实验台或门把手上的细菌检查

1）取棉签：在火焰旁，从试管中取出灭菌湿棉签。

2）取样：将灭菌湿棉签在实验台面或门把手擦拭约 2cm² 的范围。

3）接种：半开皿盖，然后将棉签从平板的开启处伸进平板表面，在琼脂表面的顶端接种，即滚动涂抹一下，立即盖上皿盖，放回棉签。

4）划线：另取接种针在火焰上灭菌，左手拿起平板，同样开启一缝，将已灭菌并冷却的接种环通过琼脂顶端的接种区，分 3~4 区划线。

4. 结果记录方法

1）菌落计数：在划线的平板上，如果菌落很多而重叠，则数平板最后 1/4 面积内的菌落数。不是划线的平板，也一分为四，数 1/4 面积的菌落数。

2）根据菌落大小、形状、高度、干湿等特征观察不同的菌落类型。但要注意，如果细菌数量太多，会使很多菌落生长在一起，或者限制了菌落生长而变得很小，因而外观不典型，故观察菌落的特点时，要选择分离得很开的单个菌落。菌落特征描写方法如下。

大小：大、中、小、针尖状。可先将整个平板上的菌落粗略观察一下，再决定大、中、小的标准，或由教师指出一个大小范围。

颜色：黄色、金黄色、灰色、乳白色、红色、粉红色等。

干湿情况：干燥、湿润、黏稠。

形态：圆形、不规则等。

高度：扁平、隆起、凹下。

透明程度：透明、半透明、不透明。

边缘：整齐、不整齐。

五、注意事项

不能在培养皿盖上做标记，因为在微生物实验中，经常需要同时观察很多平板，很容易错盖培养皿盖。接种时应保持无菌环境，确保不会污染杂菌。

六、实验结果

1．将所做平板结果记录于表 26-1 中。

表 26-1　空气/实验台/门把手的微生物检测结果

样品来源	菌落数（近似值）	菌落类型	大小	形态	干湿	高度	透明度	颜色	边缘
1		1							
		2							
		3							
		4							
		5							
2		1							
		2							
		3							
		4							
		5							

2. 与其他同学所做的结果进行比较。

七、思考题

1. 人多的实验室与无菌室（或无人走动的实验室）相比，平板上的菌落数与菌落类型有什么区别？你能解释一下造成这种区别的原因吗？

2. 通过本次实验，在防止培养物的污染与防止细菌的扩散方面，你学到了什么？有什么体会？

实验 27　人体表面微生物的检测

一、实验原理

微生物多种多样且无处不在。通过平板培养的方法，使人体表面常见肉眼看不见的微生物中的各单个菌体在固体培养基上，经过生长繁殖形成几百万个菌聚集在一起的肉眼可见的菌落，根据菌落的特征可以来检测人体表面常见微生物的数量和类型。

二、实验目的

1. 证明人体表面存在微生物。
2. 比较来自人体表不同部位的细菌的数量和类型。
3. 体会无菌操作的重要性。

三、实验器材

（1）培养基和试剂　　牛肉膏蛋白胨琼脂平板，无菌水。

（2）仪器及用具　　灭菌棉签（装在试管内），接种环，试管架，酒精灯或煤气灯，记号笔（或蜡笔），废物缸。

四、实验步骤

1. 人体细菌的检查

（1）手指（洗手前与洗手后）

1) 分别在两个琼脂平板上标明"洗手前"与"洗手后"（当然，班级、姓名、日期各项在每次写标签时是必不可少的）。

2) 移去培养皿盖，将未洗过的手指在琼脂平板的表面，轻轻地来回划线，盖上培养皿盖。

3) 用肥皂和刷子，用力刷手，在流水中冲洗干净，干燥后，在另一琼脂平板表面来回移动，盖上培养皿盖。

（2）头发　　在揭开培养皿盖的琼脂平板的上方，用手将头发用力摇动数次，使细菌降落到琼脂平板表面，然后盖上培养皿盖。

（3）咳嗽　　将去盖琼脂平板放在离口6～8cm处，对着琼脂表面用力咳嗽，然后盖上培养皿盖。

（4）鼻腔　　在火焰旁，半开皿盖，从试管中取出灭菌湿棉签，用湿棉签在鼻腔内滚动数次。然后将棉签从平板的开启处伸进平板表面，在培养基上涂抹，闭合皿盖，放回棉签。按"实验台或门把手上的细菌检查"的步骤（实验26）接种与划线，然后盖上皿盖。

2. 培养

将所有的琼脂平板翻转，使皿底在上，放入37℃培养箱，培养1～2d。

3. 结果记录方法

1) 菌落计数：在划线的平板上，如果菌落很多而重叠，则数平板最后1/4面积内的菌落数。不是划线的平板，也一分为四，数1/4面积的菌落数。

2) 菌落特征的描述：根据菌落大小、形状、高度、干湿等特征观察不同的菌落类型。

五、注意事项

同实验26。

六、实验结果

1. 将所做平板结果记录于表27-1中。

表 27-1　人体表微生物测定结果

样品来源	菌落数（近似值）	菌落类型	大小	形态	干湿	高度	透明度	颜色	边缘
1		1							
		2							
		3							
		4							
		5							
2		1							
		2							
		3							
		4							
		5							

特征描写列：大小、形态、干湿、高度、透明度、颜色、边缘

2．与其他同学所做的结果进行比较。

七、思考题

1．比较各种来源的样品，哪一种样品的平板菌落数与菌落类型最多？
2．洗手前后的手指平板，菌落数有无区别？
3．通过本次实验，在防止培养物的污染与防止细菌的扩散方面，你学到了什么？有什么体会？

实验 28　环境因素对微生物生长的影响

一、实验目的

1．了解营养元素、温度、氧气、紫外线及常用化学药剂对微生物生长的影响。
2．学习无菌操作技术。

二、实验原理

影响微生物生长的外界因素很多，其一是营养物质，其二是许多物理、化学因素。环境条件在一定限度内改变，可引起微生物形态、生理、生长、繁殖等特征的改变；当环境条件的变化超过一定极限时，则导致微生物的死亡。研究环境条件与微生物之间的相互关系，有助于了解微生物在自然界的分布与作用，也可指导人们在食品加工中有效地控制微生物的生命活动，保证食品的安全性，延长食品的货架期。

温度是影响微生物生长繁殖最重要的因素之一。在一定温度范围内，机体的代谢活动与生长繁殖随着温度的上升而增加，当温度上升到一定程度时，便开始对机体产生不利影响，如再继续升高，则细胞功能急剧下降甚至死亡。

电磁辐射包括可见光、红外线、紫外线、X 射线和 γ 射线等，均具有杀菌作用。在辐射能中无线电波最长，对生物效应最弱；红外线波长为 800~1000nm，可被光合细菌作为能源；可见光部分的波长为 380~760nm，是蓝细菌等藻类进行光合作用的主要能源；紫外辐射的波长为 136~400nm，有杀菌作用。可见光、红外线和紫外线的最强来源是太阳，由于大气层的吸收，紫外线与红外线不能全部达到地面；而波长更短的 X 射线、γ 射线、β 射线和 α 射线（由放射性物质产生），往往引起水与其他物质的电离，对微生物产生危害，故被作为一种灭菌措施。

紫外线波长以 265~266nm 的杀菌力最强，其杀菌机制是复杂的，细胞原生质中的核酸及其碱基对紫外线吸收能力强，吸收峰为 260nm，而蛋白质的吸收峰为 280nm，当这些辐射能作用于核酸时，便能引起核酸的变化，破坏分子结构，主要是对 DNA 的作用，最明显的是形成胸腺嘧啶二聚体，妨碍蛋白质和酶的合成，引起细胞死亡。适量的紫外线照射引起微生物的核酸物质（DNA）结构发生变化，因此，紫外线常作为诱变剂用于新性状菌种的培育工作。由于紫外线的穿透能力差，不易透过不透明的物质，即使薄层玻璃也会被滤掉大部分，在食品工业中适于厂房内空气及物体表面消毒，也有用于饮用水消毒的。

常用的化学消毒剂主要有重金属及其盐类、有机溶剂（酚、醇、醛等）。重金属盐类对微生物有毒害作用，其机制是金属离子容易和微生物的蛋白质结合而发生变性或沉淀。汞离子、银离子、砷离子对微生物的亲和力较大，能与微生物酶蛋白的巯基结合，影响其正常代谢。汞化合物是常用的杀菌剂，杀菌效果好，常用于医药业中。重金属盐类虽然杀菌效果好，但对人有毒害作用，所以严禁用于食品工业中防腐或消毒。

对微生物有杀菌作用的有机化合物种类很多，其中酚、醇、醛等能使蛋白质变性，是常用的杀菌剂。

1）酚及其衍生物：苯酚又称石炭酸，杀菌机制是使微生物蛋白质变性，并具有表面活性剂作用，破坏细胞膜的通透性，使细胞内含物外溢致死。酚浓度低时有抑菌作用，浓度高时有杀菌作用，2%~5%酚溶液能在短时间内杀死细菌的繁殖体，杀死芽孢则需要数小时或更长的时间。许多病毒和真菌孢子对酚有抵抗力。适用于医院的环境消毒，不适于食品加工用具及食品生产场所的消毒。

2）醇类：醇类是脱水剂、蛋白质变性剂，也是脂溶剂，可使蛋白质脱水、变性，损害细胞膜而具杀菌能力。70%的乙醇杀菌效果最好，超过 70%浓度的乙醇杀菌效果较差，其原因是高浓度的乙醇与菌体接触后迅速脱水，表面蛋白质凝固，形成保护膜，阻止乙醇分子进一步渗入。

乙醇常常用于皮肤表面消毒，实验室用于玻璃棒、玻片等用具的消毒。醇类物质的杀菌力随着分子质量的增大而增强，但分子质量大的醇类水溶性比乙醇差，因此，醇类中常用乙醇作消毒剂。

3）甲醛：甲醛是一种常用的杀细菌剂与杀真菌剂，杀菌机制是与蛋白质的氨基结合而使蛋白质变性致死。市售的福尔马林溶液就是37%～40%的甲醛水溶液。0.1%～0.2%的甲醛溶液可杀死细菌的繁殖体，5%的浓度可杀死细菌的芽孢。甲醛溶液可作为熏蒸消毒剂，对空气和物体表面有消毒效果，但不适宜于食品生产场所的消毒。

三、实验器材

（1）菌种　　大肠杆菌（*Escherichia coli*），金黄色葡萄球菌（*Staphylococcus aureus*），枯草杆菌（*Bacillus subtilis*）。

（2）培养基　　牛肉膏蛋白胨琼脂培养基，完全培养基，缺碳培养基，缺氮培养基。

（3）溶液及试剂　　2.5%碘酒，0.1%氯化汞，5%苯酚溶液，75%乙醇，5%甲醛，无菌生理盐水等。

（4）仪器及用具　　培养箱，无菌培养皿，无菌滤纸片，试管，吸管，三角涂布棒，黑纸片，无菌工作台等。

四、实验步骤

1. 温度对微生物生长的影响

分别在牛肉膏蛋白胨琼脂斜面上接种大肠杆菌和枯草杆菌各4支，放在0℃、25℃、37℃和50℃条件下培养，24h后观察菌苔生长情况。

2. 紫外线杀菌

1）将已经灭菌并冷却到50℃左右的牛肉膏蛋白胨琼脂培养基倒入无菌培养皿中，水平放置待凝固。

2）用无菌吸管吸取0.1mL培养18h的金黄色葡萄球菌菌液加入上述平板中，用无菌三角涂布棒涂布均匀。

3）在超净工作台中，以无菌操作的方法将黑色纸片放入培养皿中，紫外线照射15min，取出，用纸包好，在37℃培养箱中暗培养24h后观察。

3. 化学消毒剂对微生物生长的影响

1）将已经灭菌并冷却到50℃左右的牛肉膏蛋白胨琼脂培养基倒入无菌培养皿中，水平放置待凝固。

2）用无菌吸管分别吸取0.1mL培养18h的金黄色葡萄球菌菌液和大肠杆菌菌液加入上述平板中，用无菌三角涂布棒涂布均匀。

3）将已经涂布好的平板底皿划分为4等份，每一等份内标明一种消毒剂的名称。

4）用无菌镊子将已灭菌的小圆滤纸片分别浸入装有各种消毒剂的试管中浸湿，然后对应放入上述涂好菌的平板中，贴牢。

5）将上述贴好滤纸片的含菌平板倒置放于 37℃培养箱中培养 24h 后观察抑菌圈的大小。

4. 营养因素对微生物生长的影响

1）配制缺碳培养基、缺氮培养基。

2）将大肠杆菌接种于牛肉膏蛋白胨培养基斜面上，培养24h，用无菌生理盐水洗下菌苔，制成菌悬液。

3）分别向缺碳培养基和缺氮培养基平板中加入上述大肠杆菌菌悬液并混匀。

4）取一个缺碳培养基平板，用记号笔在皿底划分4个区域，并注明碳源名称，另一个缺碳培养基平板作为对照。

5）取一个缺氮碳培养基平板，用记号笔在皿底划分 4 个区域，并注明氮源名称，另一个缺氮培养基平板作为对照。

6）制取 8 个无菌小圆滤纸片（直径 5mm），分别蘸取 4 种碳源和 4 种氮源，对号粘贴于培养基平板的 4 个区域中。

7）将平板倒置于37℃培养箱中，培养 18~24h，观察各种碳源和氮源周围是否有菌落生长，并记录。

五、注意事项

不能在培养皿盖上做标记。接种时应保持无菌环境，确保不会污染杂菌。

六、实验结果

1．大肠杆菌和酵母菌的最适生长温度是多少？
2．绘图说明紫外线的杀菌作用及原理。
3．列表比较化学消毒剂对两种细菌的杀（抑）菌作用。

七、思考题

1．在紫外线实验中为什么要进行暗培养？
2．根据自身体会，谈谈无菌操作在微生物实验中的重要作用。

实验 29　生长谱法测定微生物的营养需求

一、实验目的

1．学习并掌握生长谱法测定微生物营养需要的基本原理和方法。

2. 进一步巩固培养基的配制及灭菌。

二、实验原理

微生物的生长繁殖需要适宜的营养环境，碳源、氮源、无机盐、微量元素、生长因子等都是微生物生长所必需的，缺少其中的一种，微生物便不能正常生长、繁殖。在实验条件下，人们通常用人工配制的培养基来培养微生物，这些培养基中含有微生物生长所需的各种营养成分。如果人工配制一种缺乏某种营养物质（如碳源）的琼脂培养基，接入菌种混合后倒平板，再将所缺乏的营养物质（各种碳源）点植于平板上，在适宜的条件下培养后，如果接种的这种微生物能够利用某种碳源，就会在点植的该种碳源物质周围生长繁殖，呈现出许多小菌落组成圆形区域（菌落圈），而该微生物不能利用的碳源周围就不会有微生物的生长。最终在平板上呈现一定的生长图形。由于不同类型微生物利用不同营养物质的能力不同，它们在点植有不同营养物质的平板上的图形就会有差别，具有不同的生长谱，故称此方法为生长谱法。该法可以定性、定量地测定微生物对各种营养物质的要求，在微生物育种、营养缺陷型鉴定及饮食制品质量检测等诸多方面具有重要用途。

三、实验器材

（1）菌种　　大肠杆菌。

（2）培养基

1）牛肉膏蛋白胨培养基：牛肉膏 3g，蛋白胨 10g，氯化钠 5g，琼脂 15～20g，水 1000mL，pH 7.0～7.2，121℃灭菌 20min，待用（部分分装试管约 4 捆，用于接种大肠杆菌制备菌悬液）。

2）合成培养基：$(NH_2)_3PO_4$ 1g，KCl 2g，$MgSO_4 \cdot 7H_2O$ 0.2g，豆芽汁 10mL，琼脂 20g，蒸馏水 1000mL，pH 7.0，加 12mL 0.04%的溴甲酚紫（pH=5.2～6.8，颜色由黄变紫，作为指示剂），0.1MPa，121℃灭菌 20min，待用。

3）糖溶液：分别配制 10%（m/V）的木糖、葡萄糖、甘露醇、麦芽糖、蔗糖、乳糖、半乳糖溶液 50mL（锥形瓶或试剂瓶装）。即称取各种糖 5g，加 45mL 蒸馏水，0.1MPa，105℃灭菌 15min。

4）糖浸片：①圆形滤纸片的制作，用圆形打孔器（$d=0.8cm$）将重叠好的滤纸打成圆形片，将打好的滤纸圆形片用牛皮纸包好（可包多层），121℃灭菌 20min，待用；②糖浸片的制备，将灭菌好的圆形滤纸片置于不同糖的溶液中，浸泡 10min 后，小心取出分别置于无菌培养皿中，盖好后于 28℃培养箱中烘干备用，最后置超净工作台上（开紫外灯状态）紫外照射 20～30min。

（3）溶液或试剂　　100mL 无菌生理盐水或无菌水两瓶，0.1MPa，121℃灭菌 20min 待用。

（4）仪器及用具　　恒温培养箱、超净工作台、手提式压力蒸汽灭菌锅、电子天平、无菌平皿、酒精灯等。

四、实验步骤

1．大肠杆菌菌悬液的制备

取培养 24h 的大肠杆菌斜面（或平板），用 3～5mL 无菌生理盐水（每支试管斜面）洗下，制成菌悬液。

2．平板的制备

取灭菌好的合成培养基熔化并冷却至 50℃ 左右，将制备好的菌悬液于倒入培养基中（菌悬液的加入量为培养基体积的 0.1%。例如，400mL 培养基，加入 4mL 菌悬液），充分混匀，倒平板。待培养基凝固后，在培养皿底用记号笔将培养皿均分为 3 个区域，同时标明要点植的各种糖的名称，在培养皿盖上注明班级、组别，如图 29-1 所示。

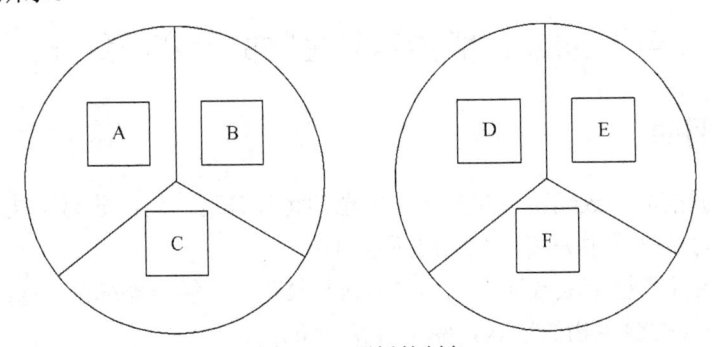

图 29-1　平板的制备
图中 A、B、C、D、E、F 分别代表木糖、葡萄糖、半乳糖、麦芽糖、蔗糖、乳糖糖浸片

3．加入糖浸片

在超净工作台上于酒精灯火焰处用无菌镊子分别取不同糖浸纸片放于相应的糖点植位置。

4．培养

待平板吸收干燥后，于 37℃ 恒温培养箱倒置培养 18～24h，观察生长情况，记录各种糖周围有无生长圈，并测量生长圈的大小。

五、注意事项

1．要严格无菌操作。

2．放滤纸片时要对号入座并轻轻按压，以免在进行倒置培养时糖浸片脱离培养基，也可防止交叉污染。

六、实验结果

以表 29-1 中不同糖作为碳源,测定大肠杆菌对其利用情况,以滤纸片周围是否出现生长圈为判断标准,并记录结果。

表 29-1　不同碳源对大肠杆菌生长的影响

菌落生长情况	培养基	不同碳源类型					
		木糖	葡萄糖	麦芽糖	蔗糖	乳糖	果糖
菌落是否生长	培养基 1						
	培养基 2						
菌落颜色	培养基 1						
	培养基 2						
菌落大小	培养基 1						
	培养基 2						

实验 30　化能异养微生物的分离与纯化

一、实验目的

1. 掌握细菌、放线菌、酵母菌和霉菌的稀释分离、划线分离等技术。
2. 学习从样品中分离、纯化出所需菌株。
3. 学习并掌握平板倾注技术和斜面接种技术,了解培养细菌、放线菌、酵母菌及霉菌四大类微生物的培养条件和培养时间。
4. 学习平板菌落计数法。

二、实验原理

土壤是微生物生活的大本营,是寻找和发现有重要应用潜力微生物的主要菌源。不同土样中各类微生物数量不同,一般土壤中细菌数量最多,其次为放线菌和霉菌。一般在较干燥、偏碱性、有机质丰富的土壤中放线菌数量较多;酵母菌在一般土壤中的数量较少,而在水果表皮、葡萄园、果园土壤中数量多些。本次实验是从土壤中分离细菌、放线菌和霉菌;从白面曲(发面用的引子)、酒曲或果园土壤中分离酵母菌。

为了分离和确保获得某种微生物的单菌落,首先,要考虑制备不同稀释度的菌悬液。各类菌的稀释度因菌源、采集样品时的季节和气温等条件而异。其次,应考虑各类微生物的不同特性,避免样品中各类微生物的相互干扰。细菌或放线菌在中性或微碱性环境较多,但细菌比放线菌生长快,分离放线菌时,一般在制备土壤稀释液时添加 10%酚或在分离培养基中加相应的抗生素以抑制细菌和霉菌（添加链霉素 25～50μg/mL 以抑制细菌；添加制霉菌素 50μg/mL 或多菌灵 30μg/mL 以抑制霉菌）；酵母菌和霉菌都喜酸性环境，一般酵母菌只能以糖为碳源，不能直接利用淀粉，酵母菌在 pH 为 5 时生长极快。而细菌生长适宜的 pH 为 7，所以分离酵母菌时只要选择好适宜的培养基和 pH，可降低细菌增殖率，霉菌生长慢，也不干扰酵母菌分离。若分离霉菌，需降低细菌增殖率，一般培养基临用前须添加灭过菌的乳酸或链霉素。为了防止菌丝蔓延干扰菌落计数，分离霉菌时常在培养基中加入化学抑制剂。要想获得某种微生物的纯培养，还需提供有利于该微生物生长繁殖的最适培养基及培养条件。四大类微生物的分离培养基、培养温度、培养时间见表 30-1。

表 30-1 四大类微生物的分离和培养条件

样品来源	分离对象	分离方法	稀释度	培养基名称	培养温度/℃	培养时间/h
土样	细菌	稀释分离	10^{-5}、10^{-6}、10^{-7}	牛肉膏蛋白胨培养基	30～37	1～2
土样	放线菌	稀释分离	10^{-3}、10^{-4}、10^{-5}	高氏 I 号培养基	28	5～7
土样	霉菌	稀释分离	10^{-2}、10^{-3}、10^{-4}	马丁氏培养基	28～30	3～5
面曲或土样	酵母菌	稀释分离	10^{-4}、10^{-5}、10^{-6}	豆芽汁葡萄糖培养基	28～30	2～3
分离平板	细菌单菌落	划线分离		牛肉膏蛋白胨培养基	30～37	1～2

三、实验器材

（1）菌源　　选定采土地点后，铲去表土层 2～3cm，取 3～10cm 深层土壤 10g，装入已灭过菌的牛皮纸袋内，封好袋口，并记录取样地点、环境及日期。土样采集后应及时分离，凡不能立即分离的样品，应保存在低温、干燥条件下，尽量减少其中菌种的变化。从面曲或酒曲中分离酵母菌。

（2）培养基　　牛肉膏蛋白胨培养基、马丁氏培养基、高氏 I 号培养基、豆芽汁葡萄糖培养基（制平板和斜面）。

（3）无菌水或无菌生理盐水　　配制生理盐水，分装于 250mL 锥形瓶中，每瓶装 99mL（或 95mL 分离霉菌用），每瓶内装 10 粒玻璃珠；分装试管，每管装 4.5～5mL（不超过试管高度的 1/5）。

（4）仪器及用具　　恒温培养箱、无菌培养皿、无菌移液管、无菌玻璃涂布棒（刮刀）、称量纸、药匙、洗耳球、10%酚溶液。

四、实验步骤

（一）稀释分离法

平板分离菌有倾注法、涂布法两种（本实验分离细菌、放线菌、霉菌时采用倾注法，酵母菌分离采用涂布法）。

1. 细菌的分离

（1）制备土壤稀释液　　称取土样1g，在火焰旁加入盛有99mL无菌水或无菌生理盐水并装有玻璃珠的锥形瓶中，振荡10～20min，使土样中菌体、芽孢或孢子均匀分散，制成10^{-2}稀释度的土壤稀释液。然后按10倍稀释法进行稀释分离，以制备10^{-2}稀释度为例，具体操作过程如下：取4.5mL无菌水试管6支，按$10^{-3}\cdots 10^{-7}$顺序编号，放置在试管架上。取无菌移液管一支，从移液管包装纸套中间撕口，将包装纸套分成上、下两段，去除上段包装纸套，在移液管上端管口装橡皮头，取出下段移液管纸套，放置于桌面上，以右手拇指、食指、中指拿住移液管上端的橡皮头，将吸液端口及移液管外部表面迅速通过火焰2～3次，杀灭撕纸套时可能污染的杂菌，切忌不要用手指去触摸移液管吸液端口及外部。左手持锥形瓶底，以右手掌及小指、无名指夹住锥形瓶上棉塞，在火焰旁拔出棉塞（棉塞夹在手上，不能乱放在桌上），将1mL移液管的吸液端伸进振荡混匀的锥形瓶土壤悬液底部，用手指轻按橡皮头，在锥形瓶内反复吹吸3次（吹吸时注意第二次液面要高于第一次吹吸的液面），然后准确吸取0.5mL 10^{-2}土壤稀释液，右手将棉塞插回锥形瓶上，左手放下锥形瓶，换持一支盛有4.5mL无菌水的试管，依前法在火焰旁拔除试管帽（或棉塞），将0.5mL 10^{-2}土壤稀释液注入4.5mL无菌水试管内，制成10^{-3}的土壤稀释液，将此移液管通过火焰再插入原来包装移液管的下段纸套内，以备再用。另取一支未用过的无菌移液管在试管内反复吹吸3次，然后取出移液管，并将其通过火焰再插入原来包装移液管的下段纸套内，以备再用。盖上试管帽。右手持10^{-3}稀释液试管在左手上敲打20～30次，混匀土壤稀释液。再从纸套中取出原来的移液管，插入已混匀的稀释液试管内，再吹吸3次，然后准确吸出0.5mL 10^{-3}的稀释液，置第二支装有4.5mL无菌水试管中，制成10^{-4}土壤稀释液。用同法再制成10^{-5}、10^{-6}、10^{-7}的土壤稀释液（为避免稀释过程产生误差，进行微生物计数时，最好每一个稀释度更换一支移液管）。最后用完的移液管重新放入纸套内。待灭菌再洗刷或将用过的移液管放在废弃物筒中，用3%～5%来苏水浸泡1h后再灭菌洗涤。

（2）倾注法分离　　取无菌培养皿6～9套，分别于培养皿底面按稀释度编号。稀释完毕后，可用原来的移液管从菌液浓度最小的10^{-7}土壤稀释液开始吸取1mL稀释液，按无菌操作技术加到对应编号的无菌培养皿内。再依同方法分别吸取1mL 10^{-6}、10^{-5}的土壤稀释液，各加到对应编号为10^{-6}、10^{-5}的无菌培养皿内。将冷却至45～50℃的灭菌牛肉膏蛋白胨固体培养基，分别倾入已盛有10^{-5}、10^{-6}、10^{-7}土壤稀释液的无菌培养皿内。

注意：培养基温度过高易将菌烫死，且培养皿盖上冷凝水太多，会影响分离效果；低于45℃，培养基易凝固，平板易出现凝块、高低不平。

倾倒培养基时注意无菌操作，要在火焰旁进行。左手拿培养皿，右手拿锥形瓶底部，左手同时用小指和手掌将棉塞拔开，灼烧瓶口，用左手大拇指将培养皿盖打开一缝，至瓶口正好伸入，倾入培养基 15～20mL，将培养皿在桌面上轻轻转动使稀释的菌悬液与熔化的琼脂培养基混合均匀，混匀后静置于操作台上，待凝。

（3）培养　　待平板完全冷凝后，将平板倒置于35～37℃恒温培养箱中，培养24～48h，观察结果。

2. 放线菌的分离

（1）制备土壤稀释液　　称取土样 1g，加入盛有 99mL 无菌水或无菌生理盐水并装有玻璃珠的锥形瓶中，并加入 10 滴 10%酚溶液（抑制细菌生长，可用 1%的重铬酸钾溶液代替 10%酚溶液，效果更好）。振荡后静置 5min，即成 10^{-2} 土壤稀释液。

（2）倾注法分离　　按上述方法将土壤稀释液分别稀释为 10^{-3}、10^{-4}、10^{-5} 3 个稀释度，然后用无菌移液管依次分别吸取 1mL 10^{-5}、10^{-4}、10^{-3} 土壤稀释液于对应编号的无菌培养皿内，用高氏 I 号培养基依前法倾倒平板，每个稀释度做 2～3 个平行培养皿。

（3）培养　　冷凝后，将平板倒置于 28℃恒温培养箱中，培养 5～7d，观察结果。

3. 霉菌的分离

（1）制备土壤稀释液　　称取土样 1g，加入盛有 99mL 无菌水或无菌生理盐水并装有玻璃珠的锥形瓶中，振荡 10min，即成 10^{-2} 土壤稀释液。

（2）倾注法分离　　按前法将土壤稀释液分别稀释为 10^{-3}、10^{-4} 的土壤稀释液，然后用无菌移液管依次分别吸取 1mL 10^{-4}、10^{-3}、10^{-2} 土壤稀释液于对应编号的无菌培养皿内。采用马丁氏培养基倾倒平板，为了抑制细菌生长和降低菌丝蔓延速度，马丁氏培养基临用前需无菌操作加入孟加拉红、链霉素和去氧胆酸钠。每个稀释度做 2～3 个平行培养皿。

（3）培养　　冷凝后，将平板倒置于 28℃恒温培养箱中，培养 3～5d，观察结果。

4. 酵母菌的分离

（1）制备菌悬液　　称取面曲 1g，加入盛有 99mL 无菌水或无菌生理盐水并装有玻璃珠的锥形瓶中，面曲发黏，用接种铲在锥形瓶内壁磨碎后移入无菌水或生理盐水内，振荡 20min，即成 10^{-2} 面曲稀释液。若选用果园土样，依前法称取 1g 土样，制成 10^{-2} 土壤稀释液。

（2）涂布分离法　　依前法向无菌培养皿中倾倒已熔化并冷却至 45～50℃的豆芽汁葡萄糖培养基，待平板冷凝后，用无菌移液管分别吸取上述 10^{-6}、10^{-5}、10^{-4} 3 个稀释度菌悬液 0.1mL，依次滴加于对应编号已制备好的豆芽汁葡萄糖培养基平板上。右手持无菌玻璃涂布棒,左手拿培养皿,并用拇指将皿盖打开一缝,在火焰旁右手持玻璃涂布棒于培养皿平板表面将菌液自平板中央均匀向四周涂布扩散,切忌用力过猛将菌液直接推向平板边缘或将培养基划破。

(3)培养　　接种后,将平板倒置于30℃恒温培养箱中,培养2~3d,观察结果。

(二)划线分离法

菌种被其他菌污染时或混合菌悬液常用划线法进行纯种分离。将沾有混合菌悬液的接种环在平板表面多方向连续划线,使混杂的微生物细胞在平板表面分散,经培养得到分散成由单个微生物细胞繁殖而成的菌落,从而达到纯化目的。平板制作方法如前所述。但划线分离的培养基必须事先倾倒好,需充分冷凝待平板稍干后方可使用;为了便于划线,一般培养基不易太薄,每皿约倾倒20mL培养基,培养基应厚薄均匀,平板表面光滑。划线分离主要有连续划线法和分区划线法两种。

1. 连续划线法

连续划线法是从平板边缘一点开始,连续划线直到平板的另一端为止,当中不需灼烧接种环上的菌。以无菌操作用接种环直接取平板上待分离纯化的菌落。将菌种点种在平板边缘一处,取出接种环,烧去多余菌体。将接种环再次通过稍打开皿盖的缝隙伸入平板,在平板边缘空白处接触一下使接种环冷却,然后从接种有菌的部位在平板上自左向右轻轻划线。划线时平板面与接种环面呈30°~40°角,以手腕力量在平板表面轻巧滑动划线。接种环不要嵌入培养基内划破培养基,线条要平行密集,充分利用平板表面,注意勿使前后两条线重叠。划线完毕,盖上皿盖。灼烧接种环,待冷却后放置于接种架上。培养皿倒置于适温的恒温培养箱内培养(以免培养过程中皿盖上的冷凝水滴下,冲散已分离的菌落)。培养后在划线平板上观察沿划线处长出的菌落形态,涂片镜检为纯种后再接种斜面。

2. 分区划线法

平板分四区,故又称四分区划线法。划线时每次将平板转动60°~70°划线,每换一次角度,应将接种环上的菌烧死后,再在上次划线末尾处继续划线。取菌、接种、培养方法与连续划线法相似。分区划线法划线分离时平板分为四个区,其中第四区是单菌落的主要分布区,故其划线面积应最大。为防止第四区内划线与1区、2区、3区线条相接触,应使4区线条与1区线条相平行,这样区与区间线条夹角最好保持在120°左右。先用接种环沾取少量菌在平板1区划3~5条平行线,取出接种环,左手盖上皿盖,将平板转动60°~70°,右手把接种环上多余菌体烧死,将烧红的接种环在平板边缘处冷却,再按以上方法以1区划线的菌体为菌源,由1区向2区作第二次平行划线。第二次划线完毕同时再把培养皿转动60°~70°,同样依次在3区、4区划线。划线完毕,灼烧接种环,盖上皿盖,同上法培养,在划线区观察单菌落。

本次实验在分离细菌的平板上选取单菌落,于牛肉膏蛋白胨平板上再次划线分离,使菌进一步纯化。划线接种后的平板,倒置于30℃恒温培养箱中培养24h后观察结果。

（三）微生物菌落计数（平板菌落计数法）

含菌样品的微生物经稀释分离培养后,每一个活菌细胞可以在平板上繁殖形成一个肉眼可见的菌落。故可根据平板上菌落的数目,推算出每克含菌样品中所含的活菌总数。

每克菌样品中微生物的活细胞数＝同一稀释度的3个平板上菌落平均数×稀释倍数/含菌样品质量（g）

一般由3个稀释度计算出的每克含菌样品中的总活菌数和同一稀释度出现的总活菌数均应很接近,不同稀释度平板上出现的菌落数应呈规律性地减少。如相差较大,表示操作不精确。通常以第二个稀释度的平板上出现50个左右菌落为好。也可用菌落计数器计数。

（四）平板菌落形态及个体形态观察

从不同平板上选择不同类型菌落用肉眼观察,区分细菌、放线菌、酵母菌和霉菌的菌落形态特征。并用接种环挑菌,看其与基质结合的紧密程度。再用接种环挑取不同菌落制片,在显微镜下进行个体形态观察。记录所分离的含菌样品中明显不同的各类菌株的主要菌落特征和细胞形态。

注意：菌落计数或观察时,可用肉眼观察平板正反面,比较其颜色、菌落特征等。必要时可以用放大镜检查。

（五）分离纯化菌株转接斜面（斜面接种）

在分离细菌、放线菌、酵母菌和霉菌的不同平板上选择分离效果较好,认为已经纯化的菌落各挑选一个用接种环接种至斜面培养基。

将细菌接种于牛肉膏蛋白胨斜面,放线菌接种于高氏Ⅰ号斜面,酵母菌和霉菌接种于豆芽汁葡萄糖斜面。

贴好标签,在各自适宜的温度下培养,培养后观察是否为纯种,记录斜面培养条件及菌苔特征。置冰箱4℃保藏。

五、注意事项

1. 平板的制作：将培养基倾注于培养皿时,培养基应在熔解冷却至45℃±1℃时使用,高于45℃易造成细菌受损死亡。动作应该轻、快,同时又要防止溅溢到培养皿边或培养盖上,倒平板时应该使用水浴锅避免培养基凝固。在内径为90mm的培养皿内,需倾入13～15mL培养基,内径为70cm的培养皿内,需要7～

8mL 的培养基，如果制成的琼脂平板表面水分较多，则不利于细菌的分离，可将平板倒置于 37℃的培养箱中约 30min，待平板干后备用。

2．土壤的稀释：10 倍梯度稀释液的制备时必须注意，吸管插入稀释液内不得低于 2.5cm；吸液高于吸管刻度少许，然后提起吸管贴于容器内壁取 1mL；靠近液面，但勿接触液面，缓慢地放入全部供试液至第二个容器（**注意：第一级稀释液所用的吸管切勿接触第二级溶液**）。

3．稀释法（混菌法）接种要点：取稀释好的液体 0.5mL 于无菌培养皿中央，将已经熔化并冷却的琼脂加入培养皿中，然后以约 15cm 直径范围，顺时针方向轻轻平移培养皿 6 次，再以 15cm 直径范围前后移动培养皿 6 次，重复往返 1 次，待凝固后，将培养皿倒置培养。每次检验时，用另一只培养皿只倾注营养琼脂作为对照。

4．结果观察：菌落计数或观察时，可用肉眼观察平板正反面，比较其颜色、菌落特色等。必要时可以用放大镜检查。

六、实验结果

1. 简述分离微生物纯种的原则并列出分离操作过程的关键无菌操作技术。
2. 将记录四大类微生物的分离方法及培养条件填入表 30-2 中。

表 30-2　微生物四大类菌的分离方法及培养条件

分离对象	样品来源	分离方法	稀释度	培养基	培养温度	培养时间
细菌	土壤					
放线菌	土壤					
霉菌	土壤					
酵母菌	果园土或面曲					

3. 将你所分离的微生物平板菌落计数结果填入表 30-3 中。

表 30-3　平均每克样品所含微生物数

培养皿	每皿长出菌落数	每克样品所含菌数
第一皿		
第二皿		
第三皿		
平均值		

4. 将你所分离样品中单菌落菌株的菌落培养特征与镜检形态填入表 30-4 中。

表 30-4　含菌样品中分离的菌株特征记录表

分离日期：　　　　地点：

分离培养基	菌株编号	菌落特征	镜检形态

5. 将斜面培养条件及菌苔特征（包括纯化结果）填入表 30-5 中。

表 30-5 四大类微生物的斜面培养条件及菌苔特征

微生物	培养基名称	培养温度/℃	培养时间	菌苔特征	纯化程度
细菌					
放线菌					
酵母菌					
霉菌					

七、思考题

1. 稀释分离时，为什么要将已熔化的琼脂培养基冷却到 45～50℃才能倾入装有菌液的培养皿内？

2. 为什么对细菌、放线菌和霉菌的稀释分离采用倾注法，而对酵母菌的稀释分离采用涂布法？

3. 划线分离时为什么每次都要将接种环上多余的菌体烧掉？划线时为何不能重叠？

4. 在恒温箱中培养微生物时，为何培养皿均需倒置？

5. 分离某类微生物时培养皿中出现其他类微生物，请说明原因。应该如何进一步分离和纯化？经过一次分离的菌种是否皆为纯种，若不纯，应采用哪种分离方法最合适？

6. 根据哪些菌落特征可区分细菌、放线菌、酵母菌与霉菌？它们的细胞结构表现在菌落形态上有什么联系？

实验 31 产氨基酸抗反馈调节突变株的选育

一、实验目的

通过人工诱变的方法，选育抗氨基酸结构的类似物突变株，从中筛选出高产氨基酸的抗反馈调节突变株。

二、实验原理

在细菌代谢过程中，代谢产物积累到一定程度后，细菌就会终止这一代谢产物的积累。这一调节机制是由于代谢终产物与变构酶或阻遏蛋白的结合。通过基因突变使变构酶和阻遏蛋白的结构发生改变，使其不能和代谢最终产物相结合，从而去除了代谢终产物的负反馈调节作用或失去阻遏作用，就可使特定代谢终产物过量积累。这类突变株称为抗反馈调节突变株。

与合成代谢终产物在结构上相似的其他化合物，可竞争性地与变构酶或阻遏蛋白相结合，抑制菌株的生长繁殖。如果变构酶结构基因或调节基因发生突变，而使变构酶或阻遏蛋白不再能和合成最终代谢产物相结合，那么结构类似物对于这些突变株就不再有抑菌作用。根据这一原理，产氨基酸抗反馈突变株选育工作的进行，必须首先以实验来确定所采用的结构类似物对出发菌株的生长有明显的抑制，而这种抑制作用又可被与结构类似物相应的氨基酸所恢复。经人工诱变选育出的氨基酸结构类似物突变株克服了生长障碍而能够生长后，由于其正常代谢调节机制已被解除，因此即使在培养基中有过量的氨基酸存在的情况下，也能继续合成和积累它们，进一步筛选，便可得到高产氨基酸的抗反馈调节突变株。

三、实验器材

（1）菌种和培养基

1）钝齿棒杆菌（*Corynebacterium crenatum*）Asl.542。

2）完全液体培养基：牛肉膏 10g、蛋白胨 10g、酵母膏 5g、氯化钠 5g、蒸馏水 1000mL，pH 7.0；固体培养基时加琼脂 20g。

3）基本培养基：葡萄糖 20g、$(NH_4)_2SO_4$ 2g、KH_2PO_4 5g、Na_2HPO_4 0.5g、$MgSO_4 \cdot 7H_2O$ 0.4g、$MnSO_4 \cdot 4H_2O$ 0.02g、$FeSO_4 \cdot 7H_2O$ 0.02g、生物素 30μg、硫胺素 0.2μg，蒸馏水 1000mL，pH 7.0；固体培养基时需加 20g 琼脂。

（2）试剂

1）诱变剂：亚硝基胍（nitrosoguanidine，NTG）。

2）氨基酸：赖氨酸结构类似物 *S*-（2-氨乙基）-L-半胱氨酸（AEC），苏氨酸（Thr）。

（3）仪器及用具　离心机、72 型分光光度计、培养皿、移液管、离心管、锥形瓶、培养箱、摇床等。

四、实验步骤

1. 氨基酸结构类似物对出发菌株生长的抑制及恢复作用

（1）生长抑制及恢复作用的初步确定　挑取出发菌株 Asl.542（在斜面上培养 24h）一环接入 3mL 无菌生理盐水中，离心洗涤 2 次，制成菌悬液。再以无菌移液管吸取菌悬液 0.1mL 均匀地涂在基本培养基上，然后取少许固体的 AEC 加在培养皿不同区域的中心。因为苏氨酸对 AEC 的抑菌可以起增效作用，所以在 AEC 处同时再加上少量的苏氨酸，30℃培养 24h 后在加上述药物的位点周围有明显的抑菌圈出现，说明 AEC 对菌株 Asl.542 的生长有明显的抑制作用。

在 AEC 的抑菌圈内分别加上少量固体的 L-赖氨酸，再继续培养 24～28h，发现在加有氨基酸位点周围重新出现明显的生长现象,说明其对 AEC 对菌的生长抑制有恢复作用。

(2)不同浓度的氨基酸结构类似物对出发菌株生长的抑制作用　　采用液体培养法进一步实验,测定不同浓度的 AEC 对出发菌株 Asl.542 生长的抑制及其恢复作用。在含 2mL 液体基本培养基的试管中,分别加入 AEC/Thr 为 0.25/0.25mg/mL、0.5/0.5mg/mL、1.0/1.0mg/mL、2.0/2.0mg/mL 及 3.0/3.0mg/mL,同时以不加结构类似物的试管培养物作为对照,各管接种洗净 Asl.542 菌悬液 0.1mL 作为 A 组实验。B 组实验除培养液中加入上述不同浓度的 AEC/Thr 外,还在含有 AEC 的各管内分别添加 1mg/mL 的 L-赖氨酸,同样接菌悬液 0.1mL,A、B 两组同时置 30℃摇床上培养 20h 后,用 72 型分光光度计(波长 620nm)测定各管菌悬液的吸光度,计算各试管中菌体的相对生长率,以确定 AEC 对出发菌株 Asl.542 生长抑制的浓度及 L-赖氨酸对生长抑制的恢复作用。

2. 诱变处理

经过上述实验已证明,钝齿棒杆菌 Asl.542 对 L-赖氨酸的结构类似物 AEC 的抑制生长有显著的敏感性,而这种抑制作用可被 L-赖氨酸恢复。因此,可以确定 Asl.542 菌体为出发菌株,经人工诱变筛选产 L-赖氨酸的抗反馈调节突变株,选育这类突变株的诱变处理方法与筛选营养缺陷型相同。

3. 抗 AEC 突变株的检出

把经亚硝基胍(NTG)处理过的 Asl.542 菌悬液离心除去上清液,用生理盐水把菌体离心洗涤 3 次后,将洗净的菌体悬浮在 3mL 生理盐水中,混匀以 10^{-1}、10^{-2} 及 10^{-3} 3 个不同稀释度进行稀释,制备成包括原菌悬液在内的 4 个含细胞数目不同的菌悬液。然后用无菌移液管从 4 个不同样品中各取 0.1mL,分别均匀地涂布在含 AEC/Thr(单位均为 mg/mL)为 1/1、2/2 和 3/3 的基本培养基上,并涂布接种在不含结构类似物的同样平板上作为对照,培养 5~7d。若在含不同剂量 AEC/Thr 的平板上生长出菌落,这些菌即为抗 AEC 突变株。将这些菌落分别转移到完全培养基斜面上,30℃培养后保藏,供进一步实验用。

4. 抗 AEC 突变株产氨基酸的初筛

已知以各种 L-谷氨酸生产菌为出发菌株诱变出的抗 AEC 突变株中几乎都具有积累 L-赖氨酸的能力。通过以下发酵筛选试验,将产酸水平高的突变株初步筛选出来,然后再进一步复筛和进行提高产酸率的研究。

(1)发酵筛选培养　　分别取斜面培养 24h 的抗 AEC 突变株一环,接入装有 3mL 发酵筛选培养基的试管中,28~30℃振荡培养 72~96h,摇床转速 220r/min。发酵终了,观察各管生长情况并取样测定 pH,发酵液经离心后,测定各样中所含氨基酸。

(2)发酵液中氨基酸的分析测定　　参阅发酵液中氨基酸的一般分析测定方法。

五、实验结果

将实验所得结果填入表 31-1 中。

表 31-1 实验结果记录表

AEC/Thr 剂量/(mg/mL)	稀释度	菌落数	突变率/%	抗 AEC 突变
对照	1			
	10^{-1}			
	10^{-2}			
	10^{-3}			
1/1	1			
	10^{-1}			
	10^{-2}			
	10^{-3}			
2/2	1			
	10^{-1}			
	10^{-2}			
	10^{-3}			
3/3	1			
	10^{-1}			
	10^{-2}			
	10^{-3}			

六、思考题

选育产氨基酸的抗结构类似物突变株时，对出发菌株进行诱变处理前，为什么必须用实验确认结构类似物对出发菌株的生长有明显的抑制作用，而这种生长抑制作用能被与结构类似物相应的氨基酸所恢复？

实验 32 抗噬菌体菌株的选育

一、实验目的

了解抗噬菌体菌株选育的原理，并掌握筛选抗噬菌体菌株的基本方法。

二、实验原理

噬菌体污染现象在发酵工业中普遍存在，比一般的杂菌污染更具危害性。虽然通过外部条件的改善可以避免噬菌体污染或降低其染菌率,但更为有效的方法还是筛选抗噬菌体的抗性菌株。

常用的抗噬菌体菌株的选育方法有噬菌体淘汰法和诱变法。噬菌体淘汰法是将要进行选育抗噬菌体菌株的菌种加上噬菌体进行培养,通过反复淘汰,能正常生长的菌株即为抗噬菌体菌株。但这种方法得到的抗噬菌体菌株多是溶原菌。诱变法是将菌种进行诱变处理后,再用噬菌体测定,选出抗噬菌体菌株。这样,菌种不接触噬菌体,可避免因此而产生溶原菌株。

三、实验器材

(1) 菌种和培养基　　枯草芽孢杆菌 BF7658,枯草芽孢杆菌敏感噬菌体 BS_5、BS_{10}、BS_{12},牛肉膏蛋白胨培养基。

(2) 试剂　　pH 6.5 磷酸缓冲液、生理盐水。

(3) 仪器及用具　　离心机、摇床、紫外线灯、锥形瓶、培养皿、摇瓶等。

四、实验步骤

1. 污染噬菌体的证实和噬菌体的繁殖

(1) 噬菌斑试验　　先将怀疑受噬菌体污染的发酵液或种子液离心,将离心后的上清液稀释到 10^{-7}。然后取不同浓度的稀释液 0.2mL,敏感菌母瓶种子液 0.5mL,一同加到培养皿上。再倒一层固体培养基摇匀,在 37℃ 条件下培养 24h。如在某一个合适稀释度的平板上出现噬菌斑,证明发酵液或种子液内存在噬菌体。

(2) 噬菌体的繁殖　　用接种针挖取噬菌斑透明部分一小块,接种到牛肉膏蛋白胨培养基中,同时加入敏感菌种子液 0.5mL,在 37℃ 条件下培养 24h 后,将沉淀部分弃去,上清液即为噬菌体液。噬菌体液中的噬菌体浓度可按第一部分实验 18 的方法测定,即根据不同稀释度的平板中出现的噬菌斑数来计算噬菌体液中的噬菌体数量。一般噬菌体液浓度达 $10^7 \sim 10^8$ 个/mL 以上时,即可放在 4℃ 冰箱中保存备用。如浓度不符合要求,可将该噬菌体液传代到新鲜牛肉膏蛋白胨培养基,即在 1mL 噬菌体液、2mL 敏感菌种子液中加入新鲜牛肉膏蛋白胨培养基,37℃ 条件下培养 24h,再用噬菌体分离方法计算该噬菌体液的浓度,直至达到要求。

2. 抗噬菌体菌株的筛选

(1) 噬菌体淘汰法

1) 固体法:在生长成熟的敏感菌斜面中,加入 10mL 灭菌生理盐水,用接种环刮下斜面上的菌体。将此菌液倒入灭菌并装有玻璃珠的锥形瓶中,在摇床上振荡 3min,然后过滤制成菌悬液,控制其浓度为 10^5 个/mL。取此菌悬液 0.1mL 和噬菌体液 0.1mL(浓度 10^7 个/mL 以上),同时加到牛肉膏蛋白胨平板上,使敏感菌浓度与噬菌体浓度比达 1:100 以上。用涂布棒将平板上的菌液与噬菌体液混合涂匀,于 37℃条件下培养 1～2d 并进行观察，如有少数细菌形成菌落，则这些菌落有可能具有抗性。将这些菌落分别在加入 0.1mL 噬菌体液（浓度 10^7 个/mL）的平板上划线分离。反复进行几次，直至菌落生长正常，将筛选出的抗噬菌体菌株保藏备用。为证实噬菌体是否与敏感菌起作用，在对照培养基上不加噬菌体液而只加敏感菌起作用，在对照培养基上不加噬菌体液而只加敏感菌液，以便统计死亡率。

2）液体法：将敏感菌悬液 1mL（浓度为 10^5 个/mL）和噬菌体液 1mL（浓度 10^7 个/mL 以上）同时接种到牛肉膏蛋白胨培养液中，培养 24h 后加入 1mL 浓度为 10^7 个/mL 的噬菌体液再继续培养。当培养液变清又重新变浑浊后，再加噬菌体反复感染，培养一定时间后进行培养皿分离，从中筛选出抗性菌株，保藏备用。

（2）诱变法　　将敏感菌按常规紫外线诱变方法处理，然后取诱变后菌悬液 0.2mL 加到牛肉膏蛋白胨平板上，长出菌落后，用接种环挑取一环接种到加有 0.1mL 噬菌体液（浓度为 10^7 个/mL）的斜面上，进行培养观察。如果斜面上不出现噬菌斑，菌苔生长良好，而对照菌落在同样的噬菌体液斜面上培养后出现噬菌斑甚至不长，则认为前者具有抗性。将这样的斜面挑选出来，分离纯化备用。这样，菌种不接触噬菌体，可以避免因此而产生溶原菌株。

（3）摇瓶发酵复筛　　将用上述方法初步确定具有抗性的菌株接种到含有噬菌体液 0.1mL（浓度为 10^7 个/mL）的摇瓶中发酵培养数天，测定其生物效价，同时接敏感菌对照摇瓶（加和不加噬菌体）。如果含有噬菌体液的摇瓶发酵单位不受影响，而敏感菌在含有噬菌体液的摇瓶中没有效价，则前者进一步被认为是具有抗性的。然后将效价高于对照菌株的原始斜面挑选出来留种。

（4）固体平板上噬菌斑检查　　将上述经过复筛后挑选出来的抗性菌株母瓶菌液 0.5mL 与浓度在 10^9 个/mL 以上的噬菌体液 0.2mL，同时加到灭菌培养皿中，倒上熔化后并冷却到 45℃牛肉膏蛋白胨琼脂培养基摇匀。同时将敏感菌母瓶菌液也按同样量和经 10 倍稀释的噬菌体液 0.2mL（即 10^5 个/mL、10^6 个/mL、10^7 个/mL、10^8 个/mL）加入灭菌培养皿，制平板后一起培养检查噬菌斑。如果敏感菌出现噬菌斑，而其他被测菌株在大量噬菌体存在时也不出现噬菌斑，则可以肯定是抗噬菌体菌株了。

五、实验结果

将实验结果记录于表 32-1 中。

表 32-1　记录淘汰法和诱变法抗噬菌体突变株筛选结果

菌株编号	液体法	固体法	诱变法

六、思考题

1. 筛选抗噬菌体菌株时，仅用一种噬菌体作为抗性指标好不好？应如何改进？
2. 当筛选获得抗噬菌体菌株后，还应进行什么试验才能应用于生产？

实验 33　酵母菌营养缺陷型的筛选

一、实验目的

1. 了解营养缺陷型突变株选育的原理。
2. 学习并掌握酵母菌营养缺陷型的诱变、筛选与鉴定方法。

二、实验原理

营养缺陷型是指野生型菌株由于诱变处理使编码合成代谢途径中某些酶的基因发生突变，丧失了合成某些代谢产物（如氨基酸、核酸碱基、维生素）的能力，必须在基本培养基中补充该种营养成分，才能正常生长出一类突变株。这类菌株可用于遗传学分析、微生物代谢途径的研究及细胞和分子水平基因重组的研究，作为供体和受体细胞的遗传标记。在生产实践中它们既可直接用作发酵生产氨基酸、核苷酸等有益代谢产物的菌种，也可作为对生产菌种进行育种时所不可缺少的亲本遗传标记和杂交种的选择性标记。

营养缺陷型的筛选一般要经过诱变、浓缩缺陷性、检出和鉴定缺陷型 4 个环节。诱变处理通常突变频率较低，只有通过淘汰野生型，才能浓缩营养缺陷型而选出少数突变株。浓缩营养缺陷型对于细菌常采用青霉素淘汰野生型，酵母菌和霉菌可采用制霉菌素，丝状微生物还可采用菌丝过滤法。检出营养缺陷型有点种法、影印培养法、夹层培养法等。鉴定营养缺陷型一般采用生长谱法。

本实验选用亚硝基胍（NTG）为诱变剂。由于 NTG 杀菌力较弱，诱变作用较强，其作用部位又往往在 DNA 的复制交叉处，易造成双突变。一般选用 NTG 处理时，诱变频率较高，可使百分之十几的细胞产生营养缺陷型，筛选营养缺陷型时，可省去浓缩缺陷型这一环节。

三、实验器材

（1）菌种　　解脂假丝酵母。
（2）培养基
1）麦芽汁斜面培养基：在麦芽汁（6°Bé）中加入 2%琼脂即成，自然 pH。
2）基本培养基（MM）：乙酸钠 10g、$(NH_4)_2SO_4$ 5g、KH_2PO_4 0.5g、Na_2HPO_4

0.5g、MgSO$_4$·7H$_2$O 1.0g、蒸馏水 1000mL，pH 6.0。固体培养基需加 20g 水洗琼脂。

3）完全培养基（CM）：与基本培养基的配方相同，另加入 1%蛋白胨，调 pH 至 6.0。固体培养基加 20g 水洗琼脂。

（3）试剂

1）亚硝基胍（NTG）。

2）pH 6.0 的磷酸缓冲液：称取 Na$_2$HPO$_4$·2H$_2$O 36.61g、NaH$_2$PO$_4$·2H$_2$O 31.21g 分别溶于 1000mL 蒸馏水中得 0.2moL/L 的原液，取 0.2moL/L 的 Na$_2$HPO$_4$ 溶液 12.3mL、0.2moL/L 的 NaH$_2$PO$_4$ 溶液 87.7mL，混合即得到。

3）混合氨基酸：将 15 种氨基酸按表 33-1 组合，各取 100mg 左右，烘干研细，制成 5 组混合氨基酸粉剂，分装入小玻璃管中避光保存在干燥器中备用。另外，取全部（15 种）氨基酸混合在一起（每种 20mg 左右），烘干研细后再分装入小玻璃管中保存，作为初步鉴定用。

表 33-1 5 组混合氨基酸

组别	所含氨基酸				
A	组氨酸	苏氨酸	谷氨酸	天冬氨酸	亮氨酸
B	精氨酸	苏氨酸	赖氨酸	甲硫氨酸	苯丙氨酸
C	酪氨酸	谷氨酸	赖氨酸	色氨酸	丙氨酸
D	甘氨酸	天冬氨酸	甲硫氨酸	色氨酸	丝氨酸
E	胱氨酸	亮氨酸	苯丙氨酸	丙氨酸	丝氨酸

4）混合碱基：称取腺嘌呤、鸟嘌呤、次黄嘌呤、胸腺嘧啶和胞嘧啶各 50mg，混合烘干磨细后分装入小玻璃管，避光保存备用。

5）混合维生素：将硫胺素、核黄素、吡哆醇、维生素 C、泛酸、对氨基苯甲酸、叶酸和肌醇等 9 种维生素各取 50mg 混合，烘干磨细后分装入小玻璃管，避光保存备用。

（4）仪器及用具 离心机、试管、培养皿、锥形瓶、涂布棒、插有大头针的软木塞、盖有影印用丝绒布的圆柱（高压灭菌，烘干备用）等。

四、实验步骤

1. NTG 诱变处理

（1）菌悬液的制备 将解脂假丝酵母菌种接斜面，28℃培养 2d 后，挑两环于装有 5mL pH 6.0 的磷酸缓冲液的离心管中，3500r/min 离心 10min。倒去上清液，混匀后加入缓冲液，倒入装有玻璃珠的锥形瓶中，充分振荡数分钟，用装有 4 层滤纸的小漏斗过滤到试管中，即得到分散均匀的以单细胞为主的菌悬液。

(2) NTG 处理　　先取 0.5mL 200mg/mL 的 NTG 加入试管中,再取 4×10^6 个/mL 的菌液 0.5mL 加入上述试管中,混匀后立即置 28℃水浴保温,30min 后取 9mL 生理盐水加入试管中摇匀,终止反应。

注意：NTG 是一种致癌因子,在操作中要特别小心,切勿与皮肤直接接触。凡具有亚硝基胍的器皿,都要用 1mol/L NaOH 溶液浸泡,使残余亚硝基胍分解破坏。

2. 营养缺陷型的检出

吸取经诱变处理的菌液 0.5mL,按 10 倍稀释法稀释后,可使用下面两种方法检出缺陷型。

(1) 影印法　　在培养皿内倒入 15mL 完全培养基,凝固后取 NTG 处理后的菌液 0.2mL 加入培养皿,用玻璃棒布涂布均匀,置 28℃培养 1~2d,取出后进行影印。

将 15cm 见方的灭过菌的丝绒布绒面向上用橡皮筋固定在直径略小于培养皿底的圆柱形木头上,将长有菌落的完全培养基平板(每皿 30~60 个菌落)倒扣在绒布上,轻压培养皿,使菌落印在绒布上作为印模,然后再分别转印至基本培养基平板和完全培养基平板上。经 28℃培养后,比较两培养皿上生长的菌落,如在完全培养基平板上长出的菌落而基本培养基平板的相应位置上却无菌落出现,就可初步判断它是营养缺陷型菌株。

(2) 点种法　　用大头针(插在软木塞上,已灭菌)从完全培养基平板上挑选菌落分别逐个点种在基本培养基平板和完全培养基平板的相应位置上。点种时应该先点基本培养基,后点完全培养基。在点种时点种量应适宜,点种量过多或过少都不利于培养后的观察。同样置 28℃恒温培养后。凡在完全培养基上生长而基本培养基上不能生长的菌落就可初步确定它是营养缺陷型。

(3) 缺陷型菌落的复证　　由于酵母菌常常不是单个细胞存在,不易获得单纯的突变型菌落,需将菌落进行 2~3 次平板划线处理。必要时需用液体培养进一步复证,即将缺陷型菌落用接种环挑取少量,接种到含基本培养液的小试管中,28℃培养 3~4d,不生长的试管加入完全培养液,28℃培养 2d。能生长的可判断它是营养缺陷型菌株。

将认为是缺陷型的菌落接至麦芽汁斜面培养基上,并编上号码,在 28℃下培养 4d 后取出保存,供鉴定用。

3. 营养缺陷型菌株鉴定

(1) 缺陷类型的初测　　将可能是营养缺陷型的突变株接种于盛有 5mL 完全培养液的离心管中。28℃振荡培养 1~2d 后,将菌悬液 3500r/min 离心 10min,弃去上清液,打匀管底菌团,用无菌生理盐水洗涤菌体 3 次,最后加入 5mL 生理盐水制备菌悬液。

吸取 1mL 菌悬液加入无菌培养皿中，倾注约 15mL 熔化并冷却至 45～50℃的基本琼脂培养基，冷凝后在培养皿背面划分三个区域，做好标记。在平板的每个区表面分别放上微量的混合氨基酸、混合核酸碱基及混合维生素粉末，28℃培养 24h，经培养后若某一类营养物质周围具有生长圈，即表明为该类营养物质的营养缺陷型突变株。有的菌株是双重营养缺陷型，可在两类营养物质扩散圈交叉处看到生长区。

（2）生长谱测定　　初测所选出的营养缺陷型中，氨基酸缺陷型较为常见。对于氨基酸缺陷型菌株来说，将待测菌株细胞洗涤后，吸取 1mL 菌悬液加入无菌培养皿中，倾注约 15mL 熔化并冷却至 45～50℃的基本琼脂培养基，冷凝后再将平板均匀划分 5 个区，在标定的位置上放入少量分组的氨基酸结晶或粉末（共 5 组，表 33-2）。经培养后，可以看到某些区域的混合氨基酸四周出现混浊的生长圈，按表 33-2 就可确定属于哪一种氨基酸缺陷型。若是碱基或维生素缺陷型，则分别挑取单种碱基或维生素加入各小区。培养后就可确定属于哪一种碱基或维生素缺陷型。

表 33-2　氨基酸营养缺陷型分析表

菌落生长区	缺陷型所需氨基酸	菌落生长区	缺陷型所需氨基酸	菌落生长区	缺陷型所需氨基酸
A	组氨酸	A，B	苏氨酸	B，D	甲硫氨酸
B	精氨酸	A，C	谷氨酸	B，E	苯丙氨酸
C	酪氨酸	A，D	天冬氨酸	C，D	色氨酸
D	甘氨酸	A，E	亮氨酸	C，E	丙氨酸
E	胱氨酸	B，C	赖氨酸	D，E	丝氨酸

异亮氨酸、羟脯氨酸、缬氨酸、脯氨酸和天冬酰胺等 5 种氨基酸不包含在 15 种测试的氨基酸中，有些缺陷型用上述 15 种氨基酸测不出来时，可以单独使用这 5 种氨基酸测试。

如果在上述鉴定实验中，发现在两组氨基酸扩散圈的交叉处出现双凸透镜状的生长区时，说明这一缺陷型是同时要求两种氨基酸的双重缺陷型。

五、注意事项

1. 配制基本培养基的药品均用分析纯，使用的器皿应洁净，需用蒸馏水冲洗 2～3 次，必要时用重蒸水冲洗。

2. 实验需用水洗琼脂。洗涤琼脂的方法为把琼脂放在玻璃缸内，用流水洗涤、并浸泡 7d，用奈氏试剂检查无铵离子存在时，再用纱布包起来，将水滤干，最后展成薄层晾干备用。

3. 琼脂表面潮湿,会使菌落扩散,即便倒置平皿培养,也会影响分离效果。注意,用倾注法制平板时,琼脂温度控制在 45℃左右,最好提前 1d 制作平板,让水分蒸发或 30℃烘干过夜,或培养用无菌粗陶瓷培养皿盖替代正常玻璃培养皿盖,也可在玻璃培养皿盖内层放浸有甘油的滤纸,吸取蒸发的水分,以达到防止菌落扩散的目的。

六、实验结果

1. 记录营养缺陷型突变株鉴定结果,并计算氨基酸营养缺陷型突变率,填写表 33-3。

表 33-3 实验结果记录表

突变株号	缺陷型类型	生长区	营养缺陷型的遗传标记

注:缺陷型突变率(%)=缺陷型菌株数/被检测的菌落总数(点种总数)×100

2. 总结实验全过程,绘制营养缺陷型突变株筛选的工作程序图。

七、思考题

1. 进行化学诱变处理前,洗涤菌体和制备细胞悬浮液时为什么用一定 pH 的缓冲液?
2. 诱变处理后洗涤菌体和制备细胞悬浮液为什么要用生理盐水?无菌蒸馏水可以吗?
3. 如需淘汰野生型、浓缩缺陷型时,在筛选酵母菌营养缺陷型时,可选用哪些抗生素及试剂?对革兰氏阳性菌和革兰氏阴性菌,可选用哪些抗生素及试剂?

实验 34 Ames 实验检测诱变剂和致癌剂

一、实验目的

1. 了解用 Ames 实验检测诱变剂和致癌剂的基本原理。
2. 学习用 Ames 实验检测诱变剂和致癌剂的方法。

二、实验原理

Ames 实验是目前公认的检测致突变物最快速而精确的一种方法。

Ames 实验的基本原理是利用一系列鼠伤寒沙门菌(*Salmonella typhimurium*)的组氨酸营养缺陷型(his⁻)菌株发生恢复突变性能来检测物质的诱变及致癌性能,

这些菌株在不含组氨酸的基本培养基上不能生长，但如遇具有诱变性的物质后可能恢复突变，his^-变为his^+，因而在基本培养基上也能生长，形成可见的菌落，因此可以在短时间内根据恢复突变的频率来判定该物质是否具有诱变或致癌性能。本实验所使用菌株的遗传性状如表 34-1 所示。

表 34-1 菌株的遗传性状

菌株	组氨酸缺陷 his^-	脂多糖屏障突变 rfa	UV修复缺失 uvrB	生物素缺陷 bio^-	抗药因子 R	检测突变型
TA1535	his^-	rfa	uvrB	bio^-	—	置换
TA100	his^-	rfa	uvrB	bio^-	R	置换
TA1537	his^-	rfa	uvrB	bio^-	—	移码
TA98	his^-	rfa	uvrB	bio^-	R	移码
S-CK 野生型	his^+	未突变	不缺失	bio^+	—	—

这些被检测的致癌剂需要哺乳动物干细胞中的羟化酶系统激活后方能显示致突变物的活性，所以在进行实验时还需加入哺乳动物肝细胞内微粒体的酶作为体外活化系统（S-9 混合液），以提高阳性物的测出率。

三、实验器材

1. 菌种

鼠伤寒沙门菌组氨酸缺陷型为 TA1535、TA100、TA1537 及 TA98 4 个菌株，对照菌株为 S-CK 野生型，各菌株的遗传特性如表 34-1 所示。各缺陷型菌株除均为组氨酸缺陷型（his^-）外，尚有脂多糖屏障突变（rfa）、UV 修复缺失（uvrB）、生物素缺陷（bio^-）及具抗药因子（R）等性状。TA1535 及 TA100 的区别是，TA1535 无抗药因子而 TA100 则具抗药因子。而 TA1537 与 TA100 的区别也是前者无抗药因子，后者有抗药因子。其中，TA1535 及 TA100 能检测引起碱基置换的诱变剂，而 TA1537 及 TA98 则用来检测碱基移码的诱变剂。本实验推荐用 TA100 为测试菌株，S-CK 为对照菌株。

2. 培养基

（1）氯化钠琼脂　　配制 50mL，加热熔化后，分装小试管，每支装 3mL。0.07MPa 灭菌 20min。

（2）组氨酸-生物素混合液　　L-盐酸组氨酸 31mg、生物素 49mg，溶于 40mL 蒸馏水，备用。

（3）上层培养基　　配制 45mL，分装于 15 支试管，3mL/试管，0.07MPa 灭菌 20min。

（4）下层培养基　　配制 1000mL，分装于锥形瓶，0.07MPa 灭菌 20min。

（5）牛肉膏蛋白胨液体培养基　　配制 500mL，分装于 100 支试管，每管 5mL，0.1MPa 灭菌 20min。

（6）牛肉膏蛋白胨固体培养基　　配制 450mL，分装于锥形瓶中，0.1MPa 灭菌 20min。

3. 制备鼠肝匀浆 S-9 上清液

选取成年健壮大白鼠 3 只（每只体重约 200g），按 500mg/kg 一次腹腔注射五氯联苯玉米油配制成的溶液（五氯联苯溶液的浓度为 200mg/mL），提高酶活性。注射后第五天断头杀鼠，杀前 12h 应禁食。取 3 只大白鼠的肝脏合并称重，用冷的 0.15mol/L KCl 溶液先洗涤 3 次，剪碎，按 1g 肝脏（湿重）加 3mL 0.15mol/L KCl 溶液在匀浆器中制成匀浆，经高速冷冻离心机（9000r/min）离心 20min，取上清液备用，此即 S-9 上清液。分装安瓿管，每管 1~2mL，液氮速冻，−20℃冷冻保藏备用。使用前取出，在室温下融化并置冰中冷却，再按下文"4.配制鼠肝匀浆 S-9 混合液"配制混合液。以上一切操作均应在低温（0~4℃）、无菌中进行。

4. 配制鼠肝匀浆 S-9 混合液

配制 S-9 混合液前应预先将下列各组分配制成储备液，包括 0.2mol/L pH 7.4 磷酸缓冲液、Mg-K 盐溶液、0.1mol/L NADP-G-6-P 溶液。进行实验前取 2mL S-9 上清液加入 10mL NADP-G-6-P 溶液，最后加 1mL Mg-K 溶液（依次加入），混合后置冰浴中待用。

5. 待测样品

可选用有致癌可能的化妆品如染发液或化工厂排放液进行检测。将待测物溶于蒸馏水中配制成每待测液含百分之几至千分之几（最高不能超过该物的抑菌浓度）3 个不同浓度。若样品不溶于水则用二甲亚砜（DMSO）溶解，还不能溶时则选用 95%乙醇、丙酮、甲酰胺、乙腈、四氢呋喃等作为配制待测样品的溶剂。

6. 试剂

（1）亚硝基胍（NTG）溶液　　配制成 50μg/mL、250μg/mL 及 500μg/mL 3 种浓度。

（2）黄曲霉素 B_1 溶液　　配制成 5μg/mL、50μg/mL 两种浓度。

（3）氨苄西林溶液　　配制浓度为 8mg/mL。

（4）结晶紫溶液　　浓度为 1mg/mL。

（5）0.85%生理盐水　　配制 150mL。

（6）0.15mol/L KCl 溶液　　配制 500mL。

7. 仪器及用具

各种型号移液管（0.1mL、1mL、5mL、10mL）、试管、9cm 培养皿、紫外线灯（15W 或 20W 各 1 支）、6mm 厚圆滤纸片若干、黑纸 2 张、匀浆器一套、水浴锅一台、安瓿瓶、剪刀、镊子、解剖刀、注射器、台秤一台等。

四、实验步骤

1. 菌株遗传性状的鉴定

凡用于检测的菌株必须先对其数种主要遗传性状加以鉴定，符合要求后方可正式使用。

(1) 组氨酸营养缺陷型（his⁻）鉴定　　基于 his⁻菌株只能在含组氨酸的培养基上生长，将下层培养基熔化，冷却至 50℃左右，倒入 4 个培养皿内，冷凝后倒置过夜制成底层平板。从测试菌株及对照菌株斜面各取 1 环分别加入牛肉膏蛋白胨培养液内，37℃培养 16～24h 后离心，取菌体并用生理盐水洗涤 3 次，然后制成浓度为 $(1～2)×10^9$/mL 的菌悬液。取 4 管氯化钠琼脂，熔化并冷至 45℃左右，保温，各管加 0.1mL 菌悬液，每个菌株做 2 管，迅速摇匀并倒在底层平板上铺匀。在各培养皿背面用记号笔标出 1、2、3 三点。翻转平皿，打开皿盖，在 1 处加组氨酸颗粒，2 处加组氨酸-生物素混合液 1 小滴，3 处不加作对照。培养 2d 观察结果，要求除对照外，其余检测菌株均为组氨酸-生物素缺陷型。

(2) 脂多糖屏障突变（rfa）的鉴定　　rfa 突变株的菌体表面脂多糖屏障已遭到破坏，一些大分子可穿过细胞壁和细胞膜而进入菌体并抑制其生长，而野生型不受影响。取牛肉膏蛋白胨固体培养基，熔化后制成 4 个底层平板，取 0.2mL TA100 菌悬液均匀涂抹在平板上，每菌做 2 皿。待室温干燥后，在中央放一直径 6mm 无菌的厚滤纸片，在其上滴加结晶紫 0.02mL。37℃培养 2d 后观察结果。若滤纸片周围出现抑菌圈，直径＞14mm，说明 rfa 突变。

(3) 抗药性因子（R）鉴定　　取牛肉膏蛋白胨固体培养基在两个平皿内制成平板。冷凝后在平板的中央加氨苄西林溶液 0.01mL，并用接种环将其涂开成一条直线，置温箱或室温下待干。从 1、2 两皿分别取 TA1537、TA100 及 S-CK 各一环，划过氨苄西林带并于之垂直方向划线，做 2 皿重复。37℃培养 16～24h 观察结果。含 R 因子者在划线部分可生长。R 因子的性状易于丢失，故应经常鉴定。

(4) UV 修复缺失（uvrB）鉴定　　取牛肉膏蛋白胨固体培养基熔化后，倒入 4 个培养皿制成平板，冷凝后用记号笔做好标记。分别取 TA100 及 S-CK 两个菌株在平板上平行划线，做 2 个重复。将培养皿放于紫外线灯（15～20W，30～40cm）下，打开培养皿盖，用无菌黑纸遮盖半个培养皿，将划线处露出一半，打开紫外线灯，照射 10～20s。照射完毕，取出并盖上培养皿盖，37℃培养 16～24h 观察结果。UV 修复缺失的菌株经照射后不能生长，但有黑纸遮盖部分可生长。

2. 待测样品致突变性检测

检测可用点滴法或掺入法进行。每次实验均应同时设对照以便比较结果。

(1) 点滴法　　将下层培养基熔化后倒入培养皿，制成底层平板。将上层培养基（加组氨酸-生物素的 NaCl 琼脂）熔化并冷冻至 45℃左右放入水浴保温，加入 0.1mL 浓度为 1×10^9/mL 的 TA100 悬液、0.5mL S-9 混合液，混匀后倒在平板上铺平。待上层凝固后，取直径为 6mm 的无菌圆形厚滤纸片，各蘸取不等浓度的待测样品液约 10μL 轻轻放在上层平板上，每皿可放滤纸片 1~5 张，同一菌株做 2 皿重复，37℃培养 48h 观察结果。凡在滤纸片周围长出一圈菌落者，可认为该样品具有致突变性。菌落数为 >10（+）、>100（++）、>500（+++）。若仅有 >10 菌落出现，则该样品不具突变性（-）。此法比较简单，但结果不够精确，可作为样品测定的定性实验。

（2）掺入法　用与上述相同的方法制下层平板，上层培养基熔化冷凉后，除加 0.1mL 测试菌悬液、0.5mL S-9 混合液外，尚须加 0.1mL 已知浓度的待测样品液，经充分混合后迅速铺于底层平板上，37℃培养 48h 观察结果。操作应在 20s 内完成并注意避光。平板上出现的菌落是经回复突变后产生的，精确记录各培养皿上出现的回变菌落数并算出同组两培养皿的平均菌落数，即诱变菌落平均数/皿，以 R_t 表示，留待以后计算突变率。

在观察结果时，无论是掺入法还是点滴法，一定要在琼脂表面长出的回复突变菌落的下面衬有一层菌苔时方能确认为 his$^+$ 回复突变菌落。这是由于下面的菌苔是菌株利用了上层的培养基内所含微量组氨酸和生物素生长的菌，经数次分裂后，其中一部分可自发回复突变，并继续增殖形成的菌落。

3．对照设计及结果评估

每次实验均应设有回复突变、阳性及阴性三项对照。

（1）自发回复突变对照　做法基本与掺入法相同，但在上层琼脂管内只加 0.1mL 菌悬液、0.5mL S-9 混合液，不加待测样品液。经 37℃培养 48h 后观察。在下层平板上长出的菌落表示为该菌自发回复突变后生成。记录并算出每组平皿菌落平均数/皿，以 R_c 表示。突变率计算公式为：

突变率 = 每皿诱变菌落平均数（R_t）/每皿自发回复突变菌落菌数（R_c）

只有突变率 >2 时才认为样品属 Ames 实验阳性。当实验样品浓度达 500μg/皿仍未出现阳性结果时，便可报告该待测样品属 Ames 实验阴性。

对于阳性结果的样品，其实验结果尚需经统计分析，若计算计量与回变菌落之间有可重复的相关系数，经相关显著性检测，最后才能确认为阳性。

（2）阴性对照　为了说明样品本身确为 Ames 实验阳性而与配制的样品液使用的溶剂无关，所以阴性对照物是采用配制样品时的溶剂，如水、二甲亚砜、乙醇等。

（3）阳性对照　进行样品测定的同时，可同时选用一种已知的化学物品代替样品做平行实验，将其结果与样品进行对照，可以看出实验的敏感度和可靠性。本实验以亚硝基胍和黄曲霉毒素 B$_1$ 为例，说明实验进行的方法。亚硝基胍是常用的诱变剂，常引起 DNA 碱基的置换。黄曲霉毒素 B$_1$ 的诱变性能须经过细胞微粒体酶系的激活。这两种诱变剂的毒性很强，工作时应特别小心。

1）亚硝基胍致突变效应的检测：取测试菌株一管接牛肉膏蛋白胨液体活化，37℃培养 16h 后离心，将菌体用生理盐水洗涤 3 次，最后配制成浓度 $1 \times 10^9 \sim 2 \times 10^9$/mL 菌悬液备用。熔化下层培养基并倒入 6 套培养皿制成平板。用记号笔做好标记，做 1μg、5μg、10μg 3 种浓度，每浓度每菌重复 2 皿。取上层培养基管熔化并冷至 45℃左右，标记各管号。每管加一定量的测试菌的菌悬液混合液，迅速摇匀后，倒在底层平板上，待凝固后在每个培养皿中央放置 1 片无菌圆滤纸片。在 1、2 各皿滤纸上滴加浓度为 50μg/mL NTG 0.02mL，同样在 3、4 各皿滤纸上滴加浓度为 250μg/mL 的 NTG 0.02mL，在 5、6 各皿滤纸上滴加 500μg/mL 的 NTG 0.02mL，即终浓度为 1μg、5μg 和 10μg。37℃培养 48h 观察结果。评估结果时，要求与点滴法测样品时相同。

2）黄曲霉毒素 B_1 致突变效应的检测：同样取 TA100 菌株经活化并制成浓度为 1×10^9/mL 的菌悬液备用。熔化下层培养基，制 4 个平板，标记 1~4 号。将上层培养基 4 管熔化，冷却至 45℃左右，每管加 0.1mL 测试菌悬液，在 1、2 各管加浓度为 5μg/mL 黄曲霉毒素 B_1 液 0.2mL（终浓度为 1μg/皿），在 3、4 各管加 50μg/mL 黄曲霉毒素 B_1 液 0.2mL（最终浓度为 10μg/皿），最后还用现配好的 S-9 混合液，并在 1、3 各管内加 0.5mL，2、4 各管内不加 S-9 混合液。将以上各成分迅速摇匀，倒在底层培养基上，37℃培养 48h，观察结果。

五、注意事项

1. 阳性对照实验中选用诱变剂的毒性很强，应特别小心，合理防护。
2. 待测样品致突变性检测：一定要在琼脂表面长出的回复突变菌落的下面衬有一层菌苔时，方能确认为 his⁺ 回复突变菌落。

六、实验结果

1. Ames 实验的理论依据是什么？
2. 将实验结果填入表 34-2，计算所测样品的突变率，此样品是否有致癌的可能？

表 34-2 实验结果记录表

试验内容		培养皿上长出的菌落数/皿	
	（1）	（2）	（3）
样品			
自发回复突变			
对照　　阳性物			
阴性物			

七、思考题

1. 加入 S-9 混合液有什么意义？
2. 实验操作中应注意哪些事项？
3. 对测试菌株遗传性所进行的各项实验，实验前你认为应出现什么结果？与实验后出现的结果是否一致？为什么？

实验 35　固定化活细胞的制备及发酵实验

一、实验目的

1. 了解固定化细胞技术的原理及其优缺点。
2. 学习制备固定化微生物活细胞的方法。
3. 了解固定化活细胞发酵产生酶的特性。

二、实验原理

固定微生物细胞的原理是将微生物细胞利用物理的或化学的方法，使细胞与固体的水不溶性支持物（或称载体）相结合，使其既不溶于水，又能保持微生物的活性。由于微生物细胞被固定在载体上，因此它们在反应结束后，可反复使用，也可贮存较长时间，使微生物活性不变。该项技术是近代微生物学上的重要革新，展示着广阔的前景。

微生物细胞固定化常用的载体有：①多糖类（纤维素、琼脂、葡聚糖凝胶、藻酸钙、K-角叉胶、纤维素）；②蛋白质（骨胶原、明胶）；③无机载体（氧化铝、活性炭、陶瓷、磁铁、二氧化硅、高岭土、磷酸钙凝胶等）；④合成载体（聚丙烯酰胺、聚苯乙烯、酚醛树脂等）。选择载体的原则以价廉、无毒、强度高为好。微生物细胞固定方法常用的方法有吸附法、包埋法和共价交联法三类。

吸附法是将细胞直接吸附于惰性载体上，分物理吸附法与离子结合法。物理吸附法是利用硅藻土、多孔砖、木屑等作为载体，将微生物细胞吸附住。离子结合法是利用微生物细胞表面的静电荷在适当条件下可以和离子交换树脂进行离子结合和吸附制成固定化细胞。吸附法优点是操作简便、载体可再生；缺点是细胞与载体的结合力弱，pH、离子强度等外界条件的变化都可以造成细胞的解吸而从载体上脱落。

包埋法是将微生物细胞均匀地包埋在水不溶性载体的紧密结构中，细胞不至漏出而废物和产物可以进入和渗出。细胞和载体不起任何结合反应，细胞处于最佳生理状态。因此，酶的稳定性高，活力持久，所以目前对于微生物细胞的固定化大多采用包埋法。

共价交联法是利用双功能或多功能交联剂，使载体和酶或微生物细胞相互交联起来，成为固定化酶或固定化细胞。常用的最有效的交联剂是戊二醛。这是一种双功能的交联剂，在它的分子中，一个功能团与载体交联，另一个功能团与酶或细胞交联。此法最为突出的优点是：固定化酶或细胞稳定性好，共价交联剂和载体都很丰富。

然而到目前为止，尚无一种可用于所有种类的微生物细胞固定化的通用方法，因此，对某一待定的微生物细胞来说。必须选择其合适的固定化方法和条件。

三、实验器材

（1）菌种　　枯草芽孢杆菌产生淀粉酶菌种。

（2）培养基

1）产淀粉酶种子培养基：葡萄糖 10g、$CaCl_2 \cdot 2H_2O$ 0.1g、$NH_4H_2PO_4$ 5g、$FeSO_4 \cdot 7H_2O$ 0.1g、柠檬酸钠 0.5g、水 1000mL，pH 7.2，121℃湿热灭菌 20min。

2）产淀粉酶发酵培养基：酵母膏 1g、葡萄糖 10g、$FeSO_4 \cdot 7H_2O$ 0.1g、$MnSO_4 \cdot H_2O$ 0.5g、柠檬酸钠 0.5g、$CaCl_2 \cdot 2H_2O$ 0.1g、水 1000mL，pH 7.2~7.4，121℃湿热灭菌 20min。

（3）试剂　　4%海藻酸钠溶液、0.05mol/L $CaCl_2$ 水溶液、柠檬酸缓冲溶液（pH 5.0）、无菌生理盐水（0.85% NaCl）。

（4）仪器及用具　　玻璃管流化床反应器（直径 3cm，高 20cm，管外套加循环水套）、空气滤器、空气流量计、恒流泵、磁力搅拌器、10L 发酵罐（或恒温摇床）、水浴锅、培养箱、500mL 锥形瓶、试管、比色用带孔穴白瓷板。

四、实验步骤

1．菌体操作

在无菌操作条件下，将灭菌的种子培养基按每瓶 100mL 分装于 500mL 锥形瓶中，将活化的枯草芽孢杆菌 α-淀粉酶菌株接种于以上培养液中，37℃，120r/min 振荡培养 16h 作菌种。按 10%的接种量接种于装有无菌发酵培养基的 10L 发酵罐中（或接种于大锥形瓶中恒温摇床培养）。维持 37℃搅拌培养至对数生长后期（约 24h），离心收集菌体，用无菌生理盐水洗涤 2 次。将收集的菌糊用生理盐水以 10g/100mL 制成菌悬液。

2．固定化活细胞的制备

（1）海藻酸钠凝胶固定化酵母细胞的制备　　在 37℃条件下，将菌悬液与经过 115℃灭菌 30min 的 4%海藻酸钠溶液混合，放在磁力搅拌器上保持低速搅拌。以细塑胶管连接恒流泵和菌体-海藻酸钠悬液，在恒流泵的输送下，菌体-

海藻酸钠悬液经直径 2～3mm 的玻璃滴管滴入低速而连续搅拌的 0.05mol/L CaCl 溶液中，然后转入 4℃ 冰箱，过夜。取出后经无菌生理盐水洗涤 2 次，制成直径约 1mm 的固定化枯草芽孢杆菌细胞胶珠，菌体包埋在海藻酸钙凝胶中，即制成固定化细胞。

取 2 粒胶珠溶于 10mL pH 5.0 的柠檬酸缓冲液中进行平板活细胞计数，并制片镜检，分别记录计数结果。

（2）K-角叉胶固定化细胞的制备　K-角叉胶是一种从海藻中分离出来的多糖，由 β-D-半乳糖硫酸盐和 3,6-脱水-α-D-半乳糖交联而成。热 K-角叉胶经冷却或经胶诱生剂如 K^+、NH_4^+、Ca^{2+}、Mg^{2+}、Fe^{3+} 及水溶性有机溶剂诱导形成凝胶。K-角叉胶固定微生物细胞有许多优点，如条件粗放、凝胶诱生剂对酶活性影响很小、细胞回收方便。因此，目前多选用它作为载体。

称取 1.6g K-角叉胶，于小烧杯中加无菌去离子水，调成糊状，再加入其余的水（总量为 40mL），火上加温至熔化，冷却至 45℃ 左右，加入 10mL 预热至 31℃ 左右的枯草杆菌培养液。混合后倒入带有小喷嘴的塑料瓶中或注射器外套并与小针头相接，通过直径为 5～20mm 的小孔，以恒定的流速滴加到装有已预热至 20℃ 2% KCl 溶液的培养皿中制成凝胶珠，浸泡 30min 后，将凝胶珠转入 300mL 锥形瓶中。用无菌去离子水洗涤 3 次后，加入 200mL 产酶发酵培养基，置 37℃ 培养箱内培养 72h，观察结果。取两粒胶珠置于无菌生理盐水中浸泡，然后放 4℃ 冰箱保存，用于计数活细胞。

3．固定化活细胞连续发酵生产淀粉酶

先将玻璃管流化床反应器灭菌（图 35-1），然后在进气口连接空气流量计和空

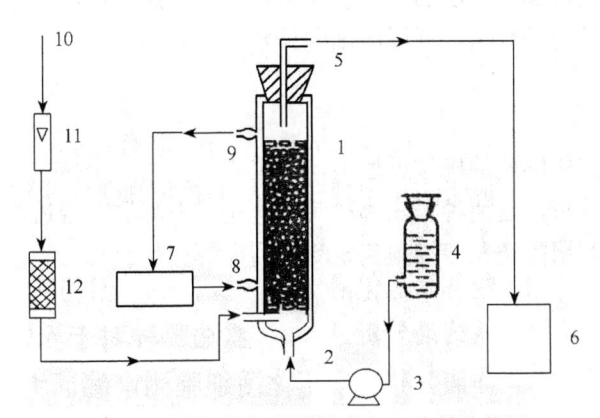

图 35-1　固定化细胞连续生产 α-淀粉酶装置

1. 玻璃管流化床（装填有固定化细胞）；2. 培养液入口；3. 恒流泵；
4. 培养液；5. 发酵液出口；6. 发酵液收集器；7. 恒温水浴箱；
8. 水循环外套入口；9. 水循环外套出口；10. 空气；11. 空气流量计；12. 空气过滤器

气过滤器。在水循环外套的入口处连接水浴锅和温水循环装置，使固定化细胞反应器温度维持在37℃。在玻璃管硫化床反应器内装入70g固定化细胞胶珠。开启恒流泵后，发酵培养液便流进反应器，反应器中供给无菌空气，培养后的发酵液自反应器顶部流出，收集发酵液，于4℃冰箱保存，用于测定α-淀粉酶活性。

4．α-淀粉酶活性测定

对收集的发酵液，可直接进行α-淀粉酶活性测定，也可经超过滤浓缩5~10倍后测定浓缩液的酶活性。

1）吸取1mL标准糊精液，转入装有3mL标准碘液的试管中，以此作为比色的标准管（或者吸取2mL转入比色用的白瓷板的空穴内，作为比色标准）。

2）在2.5cm×20cm试管中加入2%可溶性淀粉液20mL，加pH 5.0的柠檬酸缓冲液5mL，在60℃水浴中平衡约5min，加入酶液0.5mL，立即计时并充分混匀。定时取出1mL反应液于预先盛有比色碘液的试管内（或取出0.5mL加至预先盛有比色稀碘液的白瓷板空穴内），当颜色反应由紫色变为棕橙色，与标准色相同时即为反应终点，记录时间。以未发酵的培养液作为对照，测定酶活性的空白对照液。

3）计算淀粉酶活性：计算公式如下。

$$酶活力（U/mL）=（60/t×20×20\%×n）/0.5$$

式中，t为反应时间；n为酶液的稀释倍数；0.5为使用的酶液量。

五、实验结果

1．记录所收集发酵液的淀粉酶活性，并根据测定结果阐述固定化细胞的产酶特点。

2．试说明两种固定方法的结果有什么不同，并解释原因。

3．说明两粒包埋胶珠的平板活细胞计数结果。

六、思考题

1．制备固定化细胞的操作过程中，应重点掌握哪几个技术环节？

2．从结果分析，这两种方法哪种对于测定淀粉酶更为合适？分析原因。

3．你认为利用固定化活细胞测定酶活力有哪些优点？

第三部分　应用性实验

实验 36　水中细菌总数的测定

一、实验目的

1. 了解和学习水中细菌总数的测定原理和测定意义。
2. 学习和掌握用稀释平板计数法测定水中细菌总数的方法。
3. 了解微生物平板计数法的原理及其应用。

二、实验原理

水是微生物广泛分布的天然环境。各种天然水中常含有一定数量的微生物。水中微生物的主要来源有：水中的水生性微生物（如光合藻类）、来自土壤径流和降雨的外来菌群，以及来自下水道的污染物和人畜的排泄物等。水中的病原菌主要来源于人和动物的传染性排泄物。

水的微生物学检验，特别是肠道细菌的检验，在保证饮水安全和控制传染病等方面有着重要意义，同时也是评价水质状况的重要指标。国家饮用水标准规定，饮用水中大肠菌群数每升中不超过 3 个，细菌总数每毫升不超过 80 个。

所谓细菌总数是指在一定条件下（如需氧情况、营养条件、pH、培养温度和时间等），1mL 或 1g 检样中所含细菌菌落的总数，所用的方法是稀释平板计数法，由于计算的是平板上形成的菌落数（colony forming unit，cfu），因此其单位应是 cfu/mL 或 cfu/g。它反映的是检样中活菌的数量。

平板菌落计数法是一种统计物品含菌数的有效方法。方法如下：将待测样品经适当稀释后，其中的微生物充分分散成单个细胞，取一定量的稀释样液涂布到平板上，经过培养，由每个单细胞生长繁殖而形成肉眼可见的菌落，即一个单菌落应代表原样品中的一个单细胞；统计菌落数，根据其稀释倍数和取样接种量即可换算出样品的含菌数。

平板菌落计数法的操作过程为：待测样品稀释→取样及倒平板→培养及计数。

三、实验器材

（1）培养基　　牛肉膏蛋白胨琼脂培养基、无菌生理盐水。

（2）试剂　　NaCl、1moL/L NaOH、1moL/L HCl 灭菌水。

（3）仪器及用具　　培养箱、高压蒸气灭菌锅、培养皿、锥形瓶、带玻璃塞瓶、天平、试管、牛角匙、pH 试纸（pH 5.5～9.0）、棉花、记号笔、纱布、吸管、麻绳、牛皮纸、量筒、玻璃棒、电热炉、称量杯等。

四、实验步骤

1. 水样的采取

1）自来水：先将自来水水龙头用火焰灼烧 3min 灭菌，再放开水龙头使水流 5min 后，以灭菌锥形瓶接取水样，以待分析。

2）池水、河水、湖水等地面水源水：在距岸边 5m 处，取距水面 10～15cm 的深层水样，先将灭菌的具塞锥形瓶瓶口向下浸入水中，然后翻转过来，除去玻璃塞，水即流入瓶中，盛满后，将瓶塞盖好，再从水中取出。如果不能在 2h 内检测的，需放入冰箱中保存。

2. 水中细菌总数的测定

1）自来水：用无菌移液管分别吸取 1mL 水样，注入 2 个无菌培养皿中。每皿各倒入已熔化并保温在 45℃左右的牛肉膏蛋白胨琼脂培养基 1 管（10mL 装），轻轻旋转培养皿，使培养基与水样充分混匀，待凝固后，将平板倒置于 37℃培养箱内，培养 24h 后进行菌落计数。两个培养皿的平均菌落数即为 1mL 水样中的细菌总数。

2）池水、河水或湖水：①稀释水样，取 1mL 水样注入含 9mL 灭菌水的试管内，摇匀，再自此管吸 1mL 至下一个含 9mL 灭菌水的试管中，如此连续稀释至 10^{-6}（稀释倍数依水样污浊程度而定，以培养皿的菌落数在 30～300 的稀释度最为合适，若 3 个稀释度的菌数均多或少到无法计数，则需继续稀释或减少稀释倍数），如图 36-1 所示。②取 10^{-1}、10^{-2}、10^{-3} 稀释水样各 1mL，注入无菌培养皿中（皿底贴好标签，注明各稀释度），每个稀释度重复 3 次。余下操作同自来水的检验步骤。

3. 菌落计数方法

1）先计算同一稀释度的平均菌落数。若培养基中 1 个平板有较大片状菌苔生长时，则不应采用，而应以无片状菌苔生长的平板作为该稀释度的平均菌落数。若片状菌苔的大小不到培养皿的一半，而其余的一半菌落分布又很均匀时，则可将此一半的菌落数乘以 2 代表全平板的菌落数，然后再计算该稀释度的平均菌落数。

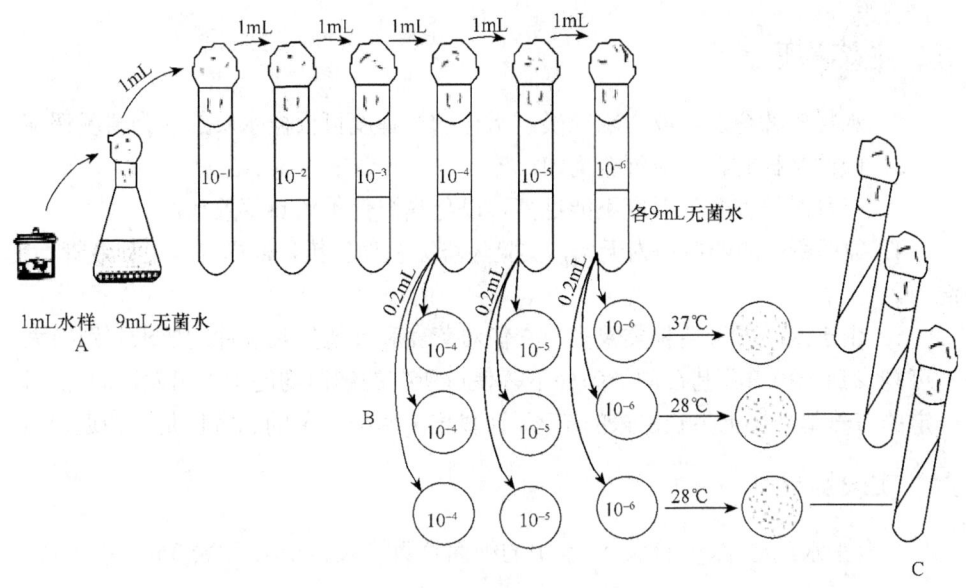

图 36-1 水样稀释及分离示意图
A. 制备水样稀释液；B. 涂布；C. 挑菌落

2）首先选择平均菌落数在 30～300 的平板，当有一个稀释度的平均菌落符合此范围时，则以该平均菌落数乘其稀释倍数即为该水样的细菌总数。

3）若有两个稀释度的平均菌落数都在 30～300，则按两者菌落总数的比值来决定。若其比值小于 2 应取两者的平均数，若大于 2 则取其中较小的菌落总数。

4）若所有稀释度的平均菌落数均大于 300，则应按稀释度最高的平均菌落数乘以稀释倍数（表 36-1）。

5）若所有稀释度的平均菌落数均小于 30，则应按稀释度最低的平均菌落数乘以稀释倍数（表 36-1）。

6）若所有稀释度的平均菌落数均不在 30～300，则以最接近 300 或 30 的平均菌落数乘以稀释倍数（表 36-1）。

表 36-1　计算菌落总数的方法举例

例次	不同稀释度的菌落数			两个稀释度的菌落数之比	菌落总数/mL
	10^{-1}	10^{-2}	10^{-3}		
1	1 365	164	20	—	1 600 或 1.6×10^3
2	2 760	295	46	1.6*	38 000 或 3.8×10^4
3	2 890	271	60	2.2*	27 000 或 2.7×10^4
4	无法计数	4 650	513	—	510 000 或 5.1×10^5
5	27	11	5	—	270 或 2.7×10^2
6	无法计数	305	12	—	31 000 或 3.1×10^4

*将两组数换算成同一稀释浓度下的菌落数时得出的比值

五、注意事项

1. 水样的稀释及量取力求准确。水样的稀释度可根据水质的污染情况调整。
2. 倾倒平板时样品应混合均匀。
3. 接种时培养基的温度不能过高，以免高温使不耐热菌致死。
4. 确保所用的器皿均为无菌，实验环境无杂菌污染，稀释过程中移液管不能混用。
5. 由于水中的细菌种类繁多，它们对营养和其他生长条件的要求差别很大，不可能找到一种培养基在同一条件下，使得所有的细菌均能生长繁殖，因此，以一定的培养基平板上生长出来的菌落，计算出来水中细菌的总数仅是一种近似值。

六、实验结果

将自来水或池水、河水、湖水中的细菌总数填入表 36-2 和表 36-3 中。

表 36-2　自来水中细菌总数

平板	菌落数	自来水中细菌总数/（cfu/mL）
1		
2		

表 36-3　池水、河水或湖水中的细菌总数

稀释度	10^{-1}		10^{-2}		10^{-3}	
	平板1	平板2	平板1	平板2	平板1	平板2
菌落数						
平均菌落数						
稀释度菌落数之比						
细菌总数/（cfu/mL）						

七、思考题

1. 从自来水的细菌总数结果来看，是否合乎饮用水的标准？
2. 你所测水源的污染程度如何？
3. 国家对自来水的细菌总数有一定标准，那么各地能否自行设计其测定条件（如培养温度、培养时间等）来测定水样总数呢？为什么？

实验 37　水中总大肠菌群的测定

一、实验目的

1. 了解和学习水中大肠杆菌群测定的意义。
2. 掌握多管发酵法、滤膜法和试剂盒法测定大肠菌群的原理和方法。

二、实验原理

水的大肠群数是指 100mL 水检样内含有的大肠杆菌实际数值,以大肠杆菌群最近似值(most probable number,MPN)表示。在正常情况下,肠道中主要有大肠菌粪链球菌和厌氧芽孢杆菌等多种细菌,这些细菌都可以随人畜排泄物进入水源。由于大肠杆菌在肠道内数目众多,因此水源中大肠杆菌的数量是直接反映水源被人畜排泄物污染的一项重要指标,目前国际上已公认大肠菌群的存在是粪便污染的指标,因而对饮用水必须进行大肠菌群的检查。

水中大肠菌群的检验方法常用多管发酵法和滤膜法。多管发酵法可适用于各种水样的检验,但操作繁琐、需要时间长。滤膜法仅适用于自来水和深井水,操作简单、快速,但不适用于杂质较多、易于堵塞滤孔的水样。

国内外现已经有不少检测微生物的试剂盒(纸或卡),这些检测试剂盒大多是将鉴别培养基或试剂吸附在小块纸片或其他载体上,盖一层塑料膜(或培养基、试剂分装成小包)经脱水干燥铝箔包封灭菌包装等工序制成检测试剂盒。大肠菌群检测试剂盒是将乳糖、显色剂和选择性培养基加载在纸片上,经培养后能够在纸片上生长并发酵乳糖产酸的即为大肠菌群阳性,记录每个稀释度大肠菌群阳性纸片数,根据大肠菌群 MPN 表查出相应的大肠菌群数。

三、实验器材

(1) 培养基　乳糖胆盐蛋白胨培养基(蛋白胨 20g,猪胆盐 5g,乳糖 10g,0.04%溴甲酚紫水溶液 25mL,水 1000mL,pH 7.4);伊红亚甲蓝琼脂培养基(蛋白胨 10g,乳糖 10g,K_2HPO_4 2g,2%伊红水溶液 20mL,0.65%亚甲蓝水溶液 10mL,琼脂 17g,水 1000mL,pH 7.1);乳糖发酵管(除不加胆盐外其余同乳糖胆盐蛋白胨培养基)。

(2) 仪器及用具　灭菌锥形瓶、灭菌具塞锥形瓶、灭菌培养皿、灭菌试管、灭菌吸管等。

(3) 其他　大肠杆菌检测试剂盒。

四、实验步骤

（一）多管发酵法测定大肠菌群

以生活饮用水或食品生产用水的检验为例，介绍如下。

（1）初发酵试验　　在2个各装有50mL 3倍浓缩乳糖蛋白胨水的锥形瓶中（内有倒置杜氏小管）以无菌操作各加水样100mL。在10支装有5mL 3倍浓缩乳糖蛋白胨水的发酵试管中（内有倒置小管）以无菌操作各加入水样10mL。如果饮用水的大肠杆菌群变异不大也可以接种3份100mL水样。摇匀后37℃培养24h。操作如图37-1所示。

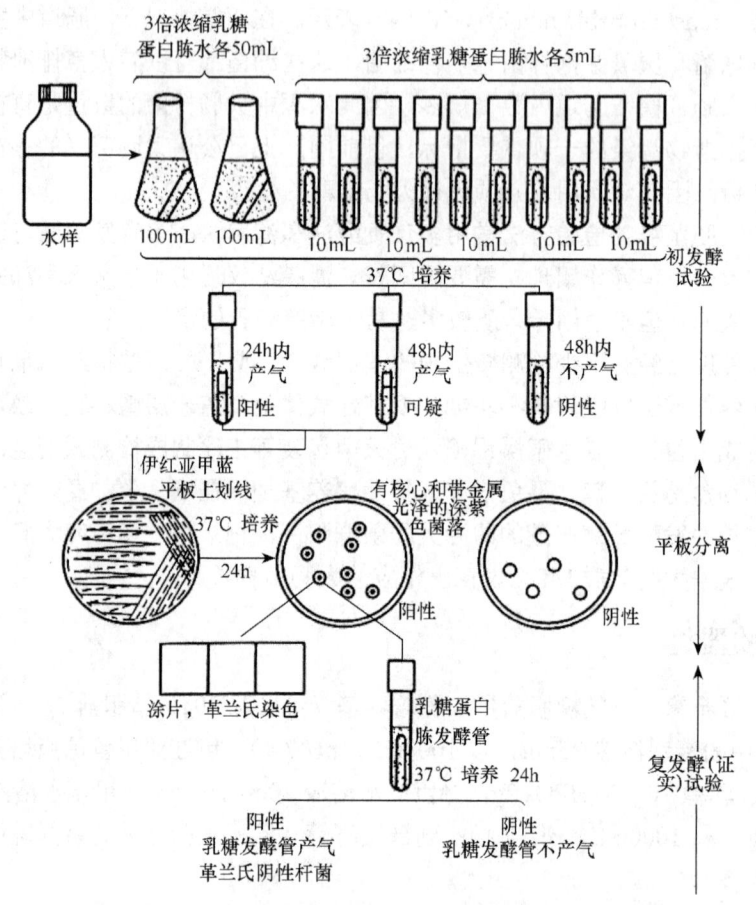

图37-1　多管发酵法测定水中大肠菌群的操作步骤和结果

（2）平板分离　　经24h培养后，将产酸产气及只产酸的发酵管（瓶）分别划线接种于伊红亚甲蓝琼脂平板（EMB培养基）上37℃培养18～24h。大肠杆菌在EMB平板上菌落呈紫黑色具有或略带有或不带有金属光泽或者呈淡紫红色仅中心颜色较深；挑取符合上述特征的菌落进行涂片和革兰氏染色镜检。

（3）复发酵试验　　将革兰氏阴性无芽孢杆菌菌落的剩余部分接于单倍乳糖发酵管中，为防止遗漏，每管可接种来自同一初发酵管的平板上，同类型菌落1~3个，37℃培养24h，如果产酸又产气者，即证实有大肠菌群存在。

（4）报告　　根据证实有大肠菌群存在的复发酵管的阳性管数查表37-1（或表37-2），报告每升水样中的大肠菌数（MPN）。

表 37-1　大肠菌群检数表（每升水样中大肠菌群数）（1）

接种水样总量 300mL（100mL 2 份，10mL 10 份）

| 100mL 水量 | 100mL 水量阳性管数 |||
阳性管数	0	1	2
0	<3	4	11
1	3	8	18
2	7	13	27
3	11	18	38
4	14	24	52
5	18	30	70
6	22	36	92
7	27	43	120
8	31	51	161
9	36	60	230
10	40	69	>230

表 37-2　大肠菌群检数表（每升水样大肠菌群数）（2）

接种水样总量 111.1mL（100mL、10mL、1mL、0.1mL 各一份）

| 接种水样总量/mL ||||每升水样中 |
100	10	1	0.1	大肠菌群数
−	−	−	−	<9
−	−	−	+	9
−	−	+	−	9
−	+	−	−	9.5
−	−	+	+	18
−	+	−	+	19
−	+	+	−	22
+	−	−	−	23
−	+	+	+	28
+	−	−	+	92
+	−	+	−	94
+	−	+	+	180
+	+	−	−	230
+	+	−	+	960
+	+	+	−	2380
+	+	+	+	>2380

注："＋"表示大肠菌群发酵阳性；"－"表示大肠菌群发酵阴性

操作步骤同生活用水或是食品生产用水的检验。同时应注意接种量为 1mL 或 1mL 以内，用单倍乳糖胆盐发酵管；接种量在 1mL 以上者应保证接种后发酵管（瓶）中的总液体量为单倍培养液量。然后根据证实有大肠菌群存在的阳性管（瓶）数查表 37-3。报告每升水样中的大肠菌群数（MPN）。

表 37-3　大肠菌群检数表（每升水样中大肠菌群数）（3）

接种水样总量 11.11mL（10mL、1mL、0.1mL、0.01mL 各一份）

\multicolumn{4}{c|}{接种水样总量/mL}	每升水样中
10	1	0.1	0.01	大肠菌群数
−	−	−	−	<90
−	−	−	+	90
−	−	+	−	90
−	+	−	−	95
−	−	+	+	180
−	+	−	+	190
−	+	+	−	220
+	−	−	−	230
−	+	+	+	280
+	−	−	+	920
+	−	+	−	940
+	−	+	+	1 800
+	+	−	−	2 300
+	+	−	+	9 600
+	+	+	−	23 800
+	+	+	+	>23 800

注："＋"表示大肠菌群发酵阳性；"－"表示大肠菌群发酵阴性

（二）滤膜法测定大肠杆菌群

1）采用无菌的滤膜和滤杯时，拆开包装，以无菌操作，将滤膜和滤杯装于滤瓶上，并使其密封好。如果采用需要灭菌的滤膜和滤杯，则将滤膜放入蒸馏水中，煮沸 15min，换水洗涤 2～3 次，再煮，反复 3 次，以除去滤膜上的残留物，并清洗滤杯。然后将滤膜、滤杯灭菌，装于滤瓶上。滤膜、滤杯和滤瓶组装成一个滤膜过滤系统，如图 37-2 所示。

2）将真空抽滤设备，如真空泵、抽滤水龙头、大号注射针筒等，连接滤瓶上的抽气管。

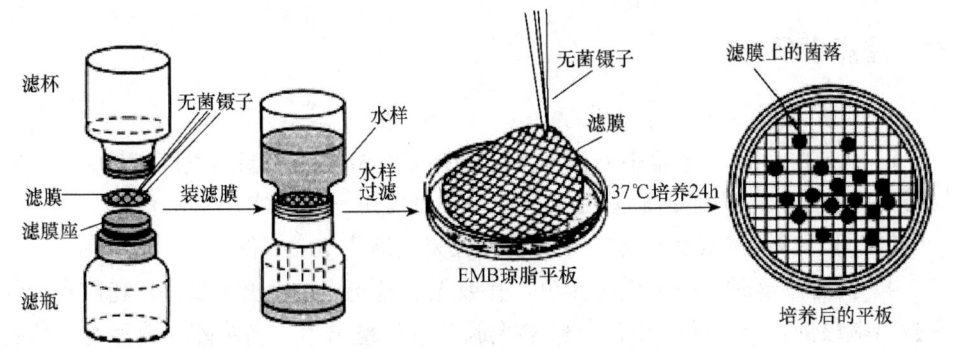

图 37-2 滤膜过滤系统、过滤、过滤转移、培养和菌落示意图

3）加待测的水样 100mL 到滤杯中，启动真空抽滤设备，进行抽滤，水中的细菌被截留在滤膜上。加入滤杯待测水样的多少，以培养后长出的菌落数不少于 50 个为宜。一般清洁的深井水或经处理过的河水与湖水等可以取样 300～500mL；对比较清洁的河水或湖水可取样 1～100mL；严重污染的水样可以先进行稀释。

4）水样抽滤完后，加入等量的灭菌水继续抽滤，目的是冲洗滤杯壁。

5）过滤完毕，拆开滤膜过滤系统，用无菌镊子取滤膜边缘，将没有细菌的一面紧贴在伊红亚甲蓝培养基上，如图 37-2 所示。滤膜与培养基之间不得有气泡。平板于 37℃培养 22～24h。有的滤膜含有干燥的大肠菌群鉴别培养基，则直接放在培养皿内培养。

6）选择符合大肠菌群菌落特征的菌落，进行计数。

7）总大肠菌群的计算：1L 水样中的总大肠菌群＝滤膜上的大肠菌群菌落数×10。

（三）试剂盒法检测大肠菌群

1）用灭菌吸管吸取 10mL 水样插入装有大纸片的塑料薄膜袋中，均匀涂布，共做 5 个重复；分别取 1mL 水样加到小纸片中，共接 5 个重复；另取 1mL 水样加到 9mL 无菌水中混匀，用 1mL 灭菌吸管分别吸取 1mL（即 0.1mL 水样），加到最后 5 片小纸片中。

2）将接种好的纸片平放于培养箱中，36℃±1℃培养 15～24h 观察结果。

3）观察每片颜色变化，若纸片保持紫蓝色不变则为大肠菌群阴性纸片；变黄或在黄色背景上呈现红色斑点或片状红晕则为阳性。

4）根据每个稀释度的阳性反应纸片数，查 MPN 表可得出水样中总大肠菌群的 MPN 值。

5）对于阳性纸片应进一步检验大肠杆菌或耐热大肠菌群。用无菌镊子在阳性菌斑处挑取少许带菌滤纸，用 3mL 无菌水混匀接种到大肠杆菌或耐热大肠菌群测试片上进行 44.5℃培养和检验。

五、注意事项

1. 应严格按照无菌操作进行。
2. 初发酵和证实试验中乳糖发酵试验样品发酵不是纯菌的发酵试验，所以初发酵阳性并不代表大肠菌群阳性。因此，必须做进一步证实。
3. 用于初发酵或复发酵的导气管内应无气泡作空白对照。
4. 挑选菌落时，在平板呈黑色，有或无金属光泽，检出率最高；粉红色、粉色检出率最低。只挑选一个菌落影响大肠菌群的检出率，当菌落不典型时，应挑选2～3个菌落作证实试验，以免出现假阴性。

六、实验结果

1. 根据证实有大肠菌群存在的复发酵管的阳性管数查表报告每升饮用水中的大肠菌数。
2. 计算1L水样中大肠菌群数，计算公式如下。

$$1L水样中的大肠菌群数 = 滤膜上生长的大肠菌群数 \times 10$$

七、思考题

1. 为什么用大肠杆菌来判断水样被肠道病原菌污染情况？
2. 为什么远藤氏培养基和EMB培养基的琼脂平板能够作为检测大肠菌群的鉴别平板？
3. 试述3种检测大肠杆菌方法的优缺点。
4. 假如水中有大量致病菌，如痢疾、伤寒、霍乱等病原菌，用多管发酵法检测总大肠菌群能否得到阳性结果？为什么？

实验38 乳酸菌的分离与酸奶的制作

酸奶又称为酸乳，是以牛奶为主要原料，经过乳酸菌发酵而制成的一种风味独特的保健饮品，无论是营养价值还是健康功效，都比未发酵的牛奶更胜一筹，深受人们的认可和喜爱。乳酸菌能够将牛奶中的乳糖发酵分解成乳酸，适合广大乳糖不耐症者饮用。

生产酸奶所使用的乳酸菌大多为耐氧菌，在厌氧条件下进行乳酸发酵。常用的乳酸菌主要有德式乳杆菌保加利亚亚种（*Lactobacillus delbrueckii* subsp.*bulgaricus*，旧称"保加利亚乳杆菌"）和唾液链球菌嗜热亚种（*Streptococcus salivarius* subsp.*thermophilus*，旧称"嗜热链球菌"），在有些酸奶中还使用其他一些乳酸菌，如嗜酸乳酸菌（*Streptococcus thermophilus*）、乳酸乳球菌乳脂亚种等。除了生产酸奶外，乳酸菌还能用于泡菜制作等，在工农业生产及日常生活中都具有重要的作用。

本实验将对酸奶的制作及乳酸菌的分离纯化做简要介绍，要求掌握酸奶的制作方法，学习乳酸菌的分离纯化，并了解乳酸菌的生长特性。

一、实验目的

1. 学习和掌握乳酸菌分离纯化的方法和技能。
2. 学习乳酸发酵和制作乳酸菌饮料的方法。

二、实验原理

微生物在厌氧条件下，分解己糖产生乳酸的作用称为乳酸发酵。能够引起乳酸发酵的微生物种类很多，其中主要是一些乳酸细菌，它们包括链球菌属、乳杆菌属、双歧杆菌属和明串珠菌属的一些细菌。乳酸细菌多是耐氧菌，只有在厌氧条件下才进行乳酸发酵，所以筛选乳酸细菌或进行乳酸发酵时，都应提供厌氧条件。酸奶是以全脂牛奶等为原料，接种乳酸菌进行发酵而成的一种浓饮料，具有较高的营养价值和一定的保健作用。其基本原理是通过乳酸细菌发酵牛奶中的乳糖产生乳酸，乳酸使牛奶中的酪蛋白变性凝固而使整个奶液呈凝乳状态。按凝固状态可将酸奶分为搅拌型和凝固型两类，两者工艺过程基本相似。本实验主要学习凝固型酸奶的制作。

三、实验器材

（1）菌种　　嗜热乳酸链球菌（*Streptococcus thermophilus*）和保加利亚乳酸杆菌（*Lactobacillus bulgaricus*），乳酸菌种也可以从市场销售的各种新鲜酸乳或酸乳饮料中分离。

（2）培养基　　乳酸菌培养基、牛乳培养基、脱脂乳试管。

（3）试剂　　脱脂乳粉或全脂乳粉、鲜牛奶、蔗糖、碳酸钙。

（4）仪器及用具　　恒温水浴锅、pH计、高压蒸汽灭菌锅、超净工作台、培养箱、酸乳瓶（200～280mL）、培养皿、试管、300mL锥形瓶等。

四、实验步骤

1. 乳酸菌的分离纯化

（1）分离　　取市售新鲜酸乳或泡制酸菜的酸液稀释，取其中两个稀释度的稀释液各0.1～0.2mL，分别接入BCG牛乳培养基琼脂平板，用无菌涂布棒依次涂布；或者直接用接种环蘸取原液平板划线分离，置40℃培养48h，如出现圆形稍扁平的黄色菌落及其周围培养基变为黄色者初步定为乳酸菌。

（2）鉴别　　选取乳酸菌典型菌落转至脱脂乳试管中，40℃培养8～24h。若牛乳出现凝固，无气泡，呈酸性，涂片镜检细胞呈杆状或链球状（两种形状的菌种均分别选入），革兰氏染色呈阳性，则可将其连续传代4～6次，最终选择出在3～6h能凝固的牛乳管，作菌种待用。

2．乳酸的发酵及检测

（1）发酵　　在无菌操作下将分离的一株乳酸菌接种于装有300mL乳酸菌培养液的500mL锥形瓶中，40～42℃静置培养。

（2）检测　　为了便于测定乳酸发酵情况，实验分为两组。一组在接种培养后，每6～8h取样分析，测定pH。另一株在接种培养24h后每瓶加入$CaCO_3$ 3g（以防止发酵液过酸使菌种死亡），每6～8h取样，测定乳酸含量（测定方法见"八、附注"），记录测定结果。

3．酸奶的制作

（1）配制培养基质　　将脱脂乳和水以（1∶7）～（1∶10）（m/V）的比例混匀（或用新鲜牛奶），同时加入5%～6%的蔗糖，充分混合，于80～85℃灭菌10～15min，然后冷却至35～40℃，作为制作酸奶的培养基质。

（2）接种　　将纯种嗜热乳酸链球菌、保加利亚乳酸杆菌及两种菌的等量混合菌液作为发酵剂（也可以市售鲜酸乳为发酵剂），均以2%～5%的接种量分别接入以上培养基质中。接种后摇匀，分装到已灭菌的酸乳瓶中，每一种菌的发酵液重复分装3～5瓶，随后将瓶盖拧紧密封。

（3）培养　　把接种后的酸乳瓶置于40～42℃恒温培养箱中培养3～4h。培养时注意观察，在出现凝乳后停止培养。然后转至4～5℃的低温下冷藏24h以上。经此后续阶段，达到酸乳酸度适中（pH 4～5），凝块均匀致密，无乳清析出，无气泡，获得较好的口感和风味。

（4）评定酸乳质量　　以品尝为标准评定酸乳质量，采用乳酸球菌和乳酸杆菌等量混合发酵的酸乳与单菌株发酵的酸乳相比较，前者的香味和口感更佳。品尝时若出现异味，表明酸乳污染了杂菌。比较项目按表38-1进行。

五、注意事项

1．采用牛乳培养基琼脂平板筛选乳酸菌时，注意挑取典型特征的黄色菌落，结合镜检观察，有利于高效分离筛选乳酸菌。

2．制作乳酸菌饮料，应选用优良的乳酸菌，采用乳酸球菌与乳酸杆菌等量混合发酵，使其具有独特风味和良好口感。

3．牛乳的消毒应严格控制好时间和温度（80～85℃灭菌10～15min），防止长时间采用过高温度消毒而破坏酸乳风味。

4．作为卫生合格标准，还应按卫生部规定进行检测，如大肠菌群检测等。经品尝和检验，合格的酸乳应在4℃条件下冷藏，可保存6～7d。

六、实验结果

1. 总结乳酸发酵过程、检测结果及结果分析。
2. 将发酵酸乳的品评结果记录于表 38-1 中。

表 38-1　乳酸菌单菌及混合菌发酵的酸乳评定结果

乳酸菌类	凝乳情况	口感	香味	异味	pH	结论
嗜热乳链球菌						
保加利亚乳杆菌						
球菌杆菌混合（1∶1）						

七、思考题

1. 发酵酸乳为什么能引起凝乳？
2. 为什么采用乳酸菌混合发酵的酸乳比单菌发酵的酸乳口感和风味更佳？
3. 试设计一个从市售鲜酸乳中分离纯化乳酸菌的制作乳酸菌饮料的程序。

八、附注

1. 脱脂乳试管

直接选用脱脂乳液或按脱脂乳粉与 5%蔗糖水为 1∶10 的比例配制，装量以试管的 1/3 为宜，115℃灭菌 15min。

2. 乳酸检测方法

（1）定性测定　　取酸乳上清液 10mL 于试管中，加入 10% H_2SO_4 1mL，再加 2% $KMnO_4$ 1mL，此时乳酸转化为乙醛，把事先在含氨的硝酸溶液中浸泡的滤纸条搭在试管口上，微火加热试管至沸，若滤纸变黑，则说明有乳酸存在，这是因为加热使乙醛挥发。

（2）定量测定

1）测定方法：取稀释 10 倍的酸乳上清液 0.2mL，加至 3mL pH 9.0 的缓冲液中，再加入 0.2mL NAD 溶液，混匀后测定 OD_{340} 值为 A_1，然后加入 0.02mL（+）LDH，25℃保温 1h 后测定 OD_{340} 值为 A_2，同时用蒸馏水代替酸乳上清液作对照，测定步骤及条件完全相同，测出的相应值为 B_1 和 B_2。

2）计算公式：
$$乳酸（g/100mL）=(V×M×\Delta\varepsilon×D)÷(1000×\varepsilon×1×V_3)$$

式中，V 为比色液的最终体积（3.44mL）；M 为乳酸的摩尔质量（1mol/L=90g）；

$\Delta\varepsilon=(A_2-A_1)-(B_2-B_1)$；$D$ 为稀释倍数（10）；ε 为 NADH 在 340nm 吸光系数 $(6.3\times10^3\times1\times mol^{-1}cm^{-1})$；1 为比色皿厚度（0.1cm）；$V_3$ 为取样体积（0.2mL）。

3. 酸乳的检查指标

1）感官指标：酸乳凝块均匀细腻，色泽均匀无气泡，有乳酸特有的悦味。

2）合格的理化指标：如脂肪≥3%，乳总干物质≥11.5%，蔗糖≥5%，酸度 70～110T°，$Hg<0.01\times10^{-5}mg/mL$ 等。

3）无致病菌，大肠杆菌≤40 个/100mL。

实验 39　毛霉的分离和豆腐乳的制备

一、实验目的

1. 学习毛霉的分离和纯化方法。
2. 掌握豆腐乳发酵的工艺过程。
3. 观察豆腐乳发酵过程中的变化。

二、实验原理

豆腐乳是我国独特的传统发酵食品，是用豆腐发酵制成的一种食品。民间老法生产豆腐乳均为自然发酵，现代酿造厂多采用蛋白酶活性高的鲁氏毛霉或根霉发酵。豆腐坯上接种毛霉，经过培养繁殖，分泌蛋白酶、淀粉酶、谷氨酰胺酶等复杂酶系，在长时间后发酵中与淹坯调料中的酶系、酵母、细菌等协同作用，使腐乳坯蛋白质缓慢水解，生成多种氨基酸，加之由微生物代谢产生的各种有机酸，与醇类作用生成酯，形成细腻、鲜香等豆腐乳特色。

三、实验器材

（1）菌种、培养基及其他材料　毛霉斜面菌种；马铃薯葡萄糖琼脂培养基（PDA）、豆腐坯、红曲米、面曲、甜酒酿、白酒、黄酒、食盐等。

（2）仪器及用具　培养皿、锥形瓶、接种针、小笼格、喷枪、小刀、带盖广口玻瓶、显微镜、恒温培养箱等。

四、实验流程

毛霉斜面菌种→扩大培养→孢子悬浮液
　　　　　　　　　　↓
　　　　　　豆腐→豆腐坯→接种→培养→晾化→加盐→腌坯→装瓶
　　　　　　　　　　　　　　　　　　　　　　　　　　　　　↓
　　　　　　　　　　　　　　　　　　　　　　　　　成品←后熟

1．毛霉的分离

配制培养基→毛霉分离→观察菌落→显微镜检。

2．豆腐乳的制备

接种孢子→培养与晾花→装瓶与压坯→装坛发酵→感官鉴定。

五、实验步骤

1．毛霉的分离

（1）配制培养基　　马铃薯葡萄糖琼脂培养基（PDA），经配制、灭菌后倒平板备用。

（2）毛霉的分离　　从长满毛霉菌丝的豆腐坯上取小块于 5mL 无菌水中，振摇，制成孢子悬液，用接种环取该孢子悬液在 PDA 平板表面进行划线分离，于 20℃培养 1～2d，以获取单菌落。也就获得了试管种。

（3）初步鉴定

1）菌落观察：呈白色棉絮状，菌丝发达。

2）显微镜检：于载玻片上加 1 滴苯酚溶液，用解剖针从菌落边缘挑取少量菌丝于载玻片上，轻轻将菌丝体分开，加盖玻片，于显微镜下观察孢子囊、梗的着生情况。若无假根和匍匐菌丝或菌丝不发达，孢囊梗直接由菌丝长出，单生或分枝，则可初步确定为毛霉。

2．豆腐乳的制备

（1）悬液制备

1）毛霉菌种的扩繁：将毛霉菌种接入斜面培养基，于 25℃培养 2d；将斜面菌种转接到盛有种子培养基的锥形瓶中，于同样温度下培养至菌丝和孢子生长旺盛，备用。

2）孢子悬液制备：于上述锥形瓶中加入无菌水 200mL，用玻璃棒搅碎菌丝，用无菌双层纱布过滤，滤渣倒还锥形瓶，再加 200mL 无菌水洗涤 1 次，合并滤于第一次滤液中，装入喷枪贮液瓶中供接种使用。

（2）接种孢子　　用刀将豆腐坯划成 4.1cm×4.1cm×1.6cm 的块，将笼格经蒸汽消毒、冷却，用孢子悬液喷洒笼格内壁，然后把划块的豆腐坯均一竖放在笼格内，块与块之间间隔 2cm。再用喷枪向豆腐块上喷洒孢子悬液，使每块豆腐周身沾上孢子悬液。

（3）培养与晾花　　将放有接种豆腐坯的笼格放入培养箱中，于 20℃左右培养，培养 20h 后，每隔 6h 上下层调换一次，以更换新鲜空气，并观察毛霉生长情况。44～48h 后，菌丝顶端已长出孢子囊，腐乳坯上毛霉呈棉花絮状，菌丝下垂，白色菌丝已包围住豆腐坯，此时将笼格取出，使热量和水分散失，坯迅速冷却，其目的是增加酶的作用，并使霉味散发，此操作在工艺上称为晾花。

（4）装瓶与压坯　将冷却至 20℃以下的坯块上互相依连的菌丝分开，用手指轻轻在每块表面揩涂一遍，使豆腐坯上形成一层皮衣，装入玻璃瓶内，边揩涂边沿瓶壁呈同心圆方式一层一层向内侧放，摆满一层稍用手压平，撒一层食盐，每 100 块豆腐坯用盐约 400g，使平均含盐量约为 16%，如此一层层铺满瓶。下层食盐用量少，向上食盐逐层增多，腌制中盐分渗入毛坯，水分析出，为使上下层含盐均匀，腌坯 3～4d 时需加盐水淹没坯面，称为压坯。腌坯周期冬季 13d，夏季 8d。

（5）装坛发酵

1）红方：按每 100 块坯用红曲米 32g、面曲 28g、甜酒酿 1kg 的比例配制染坯红曲卤和装瓶红曲卤。先用 200g 甜酒酿浸泡红曲米和面曲 2d，研磨细，再加 200g 甜酒酿调匀即为染坯红曲卤。将腌坯沥干，待坯块稍有收缩后，放在染坯红曲卤内，六面染红，装入经预先消毒的玻璃瓶中。再将剩余的红曲卤用剩余的 600g 甜酒酿兑稀，灌入瓶内，淹没腐乳，并加适量面盐和 50°白酒，加盖密封，在常温下贮藏 6 个月成熟。

2）白方：将腌坯沥干，待坯块稍有收缩后，将按甜酒酿 0.5kg、黄酒 1kg、白酒 0.75kg、盐 0.25kg 的配方配制的汤料注入瓶中，淹没腐乳，加盖密封，在常温下贮藏 2～4 个月成熟。

（6）质量鉴定　将成熟的腐乳开瓶，进行感官质量鉴定、评价。

六、实验结果

从腐乳的表面及断面色泽、组织形态（块形、质地）、滋味及气味、有无杂质等方面综合评价腐乳质量。

七、思考题

1. 腐乳生产主要采用何种微生物？
2. 腐乳生产发酵原理是什么？
3. 试分析腌坯时所用食盐含量对腐乳质量有何影响？

实验 40　紫外线对枯草芽孢杆菌产淀粉酶的诱变效应

一、实验原理

物理诱变因子中以紫外线辐射的使用最为普遍，其他物理诱变因子则受设备条件的限制，难以普及。一般用于诱变育种的物理因子有快中子、^{60}Co、γ射线和高能电子流射线等。紫外线作为物理诱变因子用于工业微生物菌种的诱变处理具有悠久的历史，尽管几十年来各种新的诱变剂不断出现和被应用于诱变育种，但到目前为止，对于诱变处理得到的高单位抗生素产生菌种中，有80%左右是通过紫外线诱变筛选而获得的。因此，对于微生物菌种选育工作者来说，紫外线作为诱变因子还是应该首先考虑的。

紫外线的波长为200~380nm，但对诱变最有效的波长仅是253~265nm，一般紫外线杀菌灯所发射的紫外线大约有80%是254nm。紫外线诱变的主要生物学效应是由DNA变化而造成的，DNA对紫外线有强烈的吸收作用，尤其是碱基中的嘧啶，它比嘌呤更为敏感。紫外线引起DNA结构变化的形式很多，如DNA链的断裂、碱基破坏。但其最主要的作用是使同链DNA的相邻嘧啶间形成胸腺嘧啶二聚体，阻碍碱基间的正常配对，从而引起微生物突变或死亡。

经紫外线损伤的DNA，能被可见光复活，因此，经诱变处理后的微生物菌种要避免长波紫外线和可见光的照射，故经紫外线照射后样品需用黑纸或黑布包裹。另外，照射处理后的孢子悬液不要贮放太久，以免突变在黑暗中修复。

二、实验目的

1. 通过实验观察紫外线对枯草芽孢杆菌的诱变效应。
2. 初步掌握物理诱变育种的方法。

三、实验器材

（1）菌种与培养基　　枯草芽孢杆菌BF7658，牛肉膏蛋白胨固体培养基、淀粉培养基。

（2）试剂　　NaCl、可溶性淀粉、碘液等、牛肉膏、蛋白胨。

（3）仪器及用具　　试管、移液管、锥形瓶、量筒、烧杯、20W紫外线灯、磁力搅拌器、离心机等。

四、实验步骤

（一）诱变

1. 菌悬液的制备

取已培养20h的活化枯草芽孢杆菌斜面一支，用10mL生理盐水将菌苔洗下，并倒入盛有玻璃珠的锥形瓶中，强烈振荡10min，以打碎菌块，3000r/min离心15min，弃上清液，将菌体用无菌生理盐水洗涤2次，最后制成菌悬液，用细胞计数板在显微镜下直接计数。调整细胞浓度为10^8/mL。

2. 平板制作

将淀粉琼脂培养基熔化后，冷至45℃左右倒平板，凝固后待用。

3. 诱变处理

1）预热：正式照射前开启紫外线灯预热10min。

2）搅拌：取制备好的菌悬液 4mL 移入 6cm 的无菌培养皿中，放入无菌磁力搅拌棒，置磁力搅拌器上，20W 紫外线灯下 30cm 处。

3）照射：打开培养皿盖边搅拌边照射，处理时间分别为 1min、2min、3min。可以累积照射，也可分别照射不同时间。所有操作必须在红灯下进行。

4）稀释涂平板：在红灯下分别取未照射的菌悬液（作为对照）和照射过的菌悬液各 0.5mL 进行不同程度的稀释。取最后 3 个稀释度的稀释液涂于淀粉培养基平板上，每个稀释度涂 3 个平板，每个平板加稀释液 0.1mL，用无菌玻璃涂布棒涂匀，37℃，培养 48h（用黑布包好平板）。注意在每个平板背后要标明处理时间、稀释度、组别、座位号。

（二）计算存活率及致死率

1．存活率

将培养 48h 后的平板取出进行细胞计数。根据平板上菌落数，计算出对照样品 1mL 菌液中的活菌数。

存活率（%）＝处理后 1mL 菌液中活菌数/对照 1mL 菌液中活菌数×100

2．致死率

同样计算用紫外线处理 1min、2min、3min 后的存活细胞数及致死率。

致死率（%）＝（对照 1mL 菌液中活菌数－处理后 1mL 菌液中活菌数）/对照 1mL 菌液中活菌数×100

（三）观察诱变效应

在平板菌落计数后，分别向菌落数在 5～6 个的平板内加碘液数滴，在菌落周围将出现透明圈，分别测量透明圈直径与菌落直径并计算比值（HC 值），与对照平板进行比较，根据结果说明紫外线对枯草芽孢杆菌产淀粉酶诱变的效果，选取 HC 比值大的菌落移接到新鲜牛肉膏斜面上培养。此斜面可作复筛用。

五、注意事项

1．为了避免光复活作用，紫外线照射及照射后菌悬液的处理操作必须在暗处或在红光下进行。经诱变处理后的微生物菌种要避免长波紫外线和可见光的照射，故经紫外线照射后样品需用黑纸或黑布包裹。

2．紫外线诱变不受温度影响，可在室温下进行。

3．紫外线对皮肤和角膜有伤害，操作时应注意防护。

六、实验结果

1．将实验结果按表 40-1 的要求如实填入，并分别算出存活率与致死率。

表 40-1　紫外线处理后枯草芽孢杆菌的存活率和致死率

处理时间/min	最后 3 个稀释度的平均菌数/皿	存活率/%	致死率/%
紫外线处理	1 2 3		
对照			

2. 测量经 UV 处理后的枯草芽孢杆菌菌落周围的透明圈直径与菌落直径，并计算它们的比值（HC），与对照菌株进行比较，填写表 40-2。

表 40-2　菌落透明圈和菌落直径大小及 HC 比值

处理时间/min	1 透明圈	1 菌落大小	1 HC 值	2 透明圈	2 菌落大小	2 HC 值	3 透明圈	3 菌落大小	3 HC 值	4 透明圈	4 菌落大小	4 HC 值	5 透明圈	5 菌落大小	5 HC 值	6 透明圈	6 菌落大小	6 HC 值
紫外线处理 1 2 3																		
对照																		

七、思考题

1. 紫外线诱变需注意的事项是什么？
2. 紫外线诱变的机制是什么？
3. 经紫外线处理后的操作和培养为什么要在暗处或红光下进行？

实验 41　硫酸二乙酯对枯草芽孢杆菌产生蛋白酶的诱变效应

一、实验原理

许多化学因素如硫酸二乙酯、亚硝酸等，对微生物都有诱变作用。硫酸二乙酯是一种烷化剂，能与 DNA 链中碱基发生化学变化，引起 DNA 复制时碱基配对的转换或颠换。一般化学诱变剂都有毒性，很多还具有致癌作用，故操作时要特别小心，切忌用口吸取，切勿与皮肤直接接触。中止反应时，可以用大量稀释法或加入硫代硫酸钠。

本实验以产生蛋白酶的枯草芽孢杆菌为试验菌种，以硫酸二乙酯为诱变剂，根据枯草芽孢杆菌诱变后在酪蛋白培养基上出现透明圈的直径大小，来指示诱变效应。

二、实验目的

1. 通过实验观察硫酸二乙酯对枯草芽孢杆菌的诱变效应。
2. 初步掌握化学诱变育种的方法。

三、实验器材

（1）菌种与培养基　　枯草芽孢杆菌，牛肉膏蛋白胨培养基、酪蛋白培养基。

（2）试剂　　硫酸二乙酯 [DES，$(C_2H_5)_2SO_4$]、25%硫代硫酸钠、0.1mol/L pH 7.0 PBS 等。

（3）仪器及用具　　冰箱、培养箱、试管、移液管、锥形瓶、培养皿、离心管、玻璃涂布棒、量筒、烧杯等。

四、实验步骤

（一）诱变前的准备工作

1. 菌种斜面的活化

从冰箱取一支纯化后的枯草芽孢杆菌斜面，接种到新鲜牛肉膏蛋白胨斜面培养基上，置温箱培养进行活化。

2. 枯草芽孢杆菌对数期培养液的制备

取一环已活化的枯草芽孢杆菌到装有 30mL 牛肉膏蛋白胨液体培养基的锥形瓶内（每组 2 瓶），在 30℃振荡培养 16h，此时为该菌的对数期。

3. 准备平板

将已灭菌的牛肉膏蛋白胨固体培养基熔化,待冷却至 45℃左右倾注 9 个平板，凝固后待用。

4. 菌悬液的制备

取上述对数期的枯草芽孢杆菌培养液 10mL，3000r/min 离心 15min，沉淀下的菌体以 10mL 0.1mol/L pH 7.0 的磷酸缓冲液洗涤两次，最后用原体积的磷酸缓冲液制成菌悬液。

（二）硫酸二乙酯诱变处理

具体诱变流程如图 41-1 所示。

1. 诱变

分别吸取菌悬液至 2 个锥形瓶内，并加入 16mL 0.1mol/L pH 7.0 的磷酸缓冲液制成浓度约为 10^8 个/mL 的菌悬液，再加硫酸二乙酯 0.2mL，使硫酸二乙酯在菌悬液中的浓度为 1%（V/V），并分别振荡处理 30min 及 60min。

实验41 硫酸二乙酯对枯草芽孢杆菌产生蛋白酶的诱变效应

```
                    菌种斜面
                       ↓
              对数期菌培养液的制备
                       ↓ 振荡培养（培养温度、时间视菌种而异）
                      离心
                       ↓ 3000r/min，15min
                  菌悬液的制备
                       ↓
           加0.1mol/L pH 7.0磷酸缓冲液制成浓度
              约为10⁸个/mL的菌悬液
              ↓                          ↓
            0时                    加入浓度为2%的硫酸
           (对照)                   二乙酯、处理不同时间
                                    ↓            ↓
           稀释、涂                30min        60min
           平板、                    ↓            ↓
           培养、计数        加0.5mL 25%硫代硫酸钠到20mL
                            已处理的菌液，中止反应
              ↓                    ↓            ↓
          计算总菌数/mL       稀释菌液、涂平板、培养、计数
                                    ↓            ↓
                              计算存活细胞数   计算存活细胞
                               及致死率       数及致死率
```

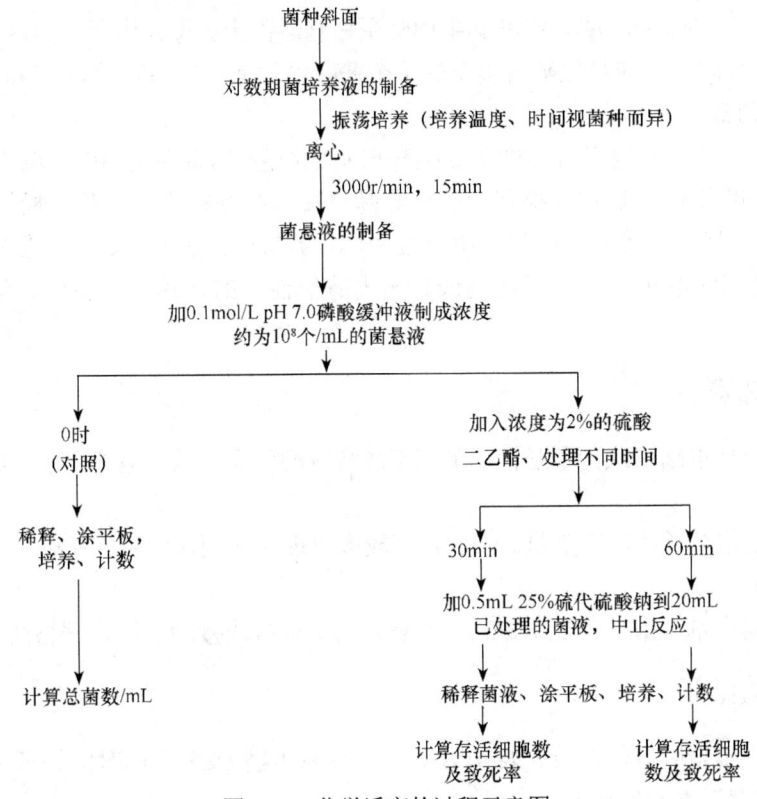

图41-1 化学诱变的过程示意图

2．中止反应

振荡处理后，立即加入 0.5mL 的硫代硫酸钠溶液中止反应。

3．稀释并涂平板

中止反应后的菌悬液以 10 倍稀释法做一系列稀释至 10^{-7}（具体可按估计的存活率进行稀释）。取最后 3 个稀释度涂平板，每个稀释度重复涂 3 个平板。每个平板加菌稀释液 0.1mL，用无菌玻璃涂布棒涂均匀。以同样操作，取未经硫酸二乙酯处理的菌稀释液涂布平板作对照。平板背面要写明组别、处理时间、稀释度，并置37℃培养24h。

（三）计算存活率及致死率

将培养 24h 后的平板取出进行细胞计数，根据对将培养照平板上的菌落数，算出每种培养液中的活菌数，同样算出诱变处理后的存活细胞数及其致死率。存活率及致死率的计算公式与实验 40 相同。

（四）初筛

1．挑菌落接种

挑取单菌落接种于斜面上，分别挑取 30min、60min 处理后的单一菌落（最

好致死率为90%～95%），接种到牛肉膏蛋白胨斜面上。每人挑两个菌落（生产部门诱变育种时一般应挑取数百甚至数千个菌落以供筛选），37℃培养24h。

2. 初筛

取一环经上述诱变后的枯草芽孢杆菌制成菌悬液，稀释至10^{-3}，取10^{-2}、10^{-3}两个稀释度各0.1mL加入酪蛋白胨培养基平板上并进行涂布，将平板置于37℃培养24h，测量平板上所出现透明圈直径。一般来说，透明圈越大，蛋白酶活性越高；透明圈越小，则酶活性越低。选出酶活性高的菌落转接斜面，培养后留待复筛。

五、注意事项

1. 处理单细胞或孢子悬液。单细胞悬液应均匀而分散，孢子、芽孢等应稍加萌发。

2. 选用合适的诱变剂量。一般正变较多出现在低剂量中，负变较多地出现在高剂量中。

3. 诱变剂硫酸二乙酯（DES）有毒，切勿口吸或接触皮肤，严格防护。

六、实验结果

1. 将实验所得数据填入表41-1内，并计算出经DES不同时间处理后的枯草芽孢杆菌存活率及致死率。

表41-1　DES处理后枯草芽孢杆菌的存活率及致死率

处理时间/min	最后3个稀释度的平均菌数/皿			存活率/%	致死率/%
	10^{-5}	10^{-6}	10^{-7}		
0					
30					
60					

2. 写出化学诱变育种的主要步骤。

七、思考题

1. 用化学诱变剂处理细菌时，为何要用缓冲液来制备菌悬液？

2. 诱变处理时如菌液过浓或过稀时，应如何调节硫酸二乙酯的用量以保证菌的浓度和硫酸二乙酯的最终浓度？

实验42　抗生素抗菌谱及抗生菌的抗药性测定

一、实验原理

抗生素是由微生物或高等动植物在生活过程中所产生的具有抗病原体或其他活性的一类次级代谢产物，能干扰其他生活细胞的发育功能。目前临床常用的抗生素有微生物培养液提取物及用化学方法合成或半合成的化合物。

抗生素抗菌谱的测定有稀释法和扩散法等。管碟法是扩散法中的一种。管碟法抗生素效价测量是以抗生素对微生物的抗菌效力作为效价的衡量标准，具有与应用原理相一致、用量少和灵敏度高等优点，抗生素在菌层培养基中扩散时，会形成抗生素浓度由高到低的自然梯度，即扩散中心浓度高而边缘浓度低。因此，当抗生素浓度达到或高于MIC（最低抑制浓度）时，试验菌就被抑制而不能繁殖，从而呈现透明的抑菌圈。根据扩散定律的推导，抗生素总量的对数值与抑菌圈直径的平方呈线性关系。

二、实验目的

学习抗生素抗菌谱的测定方法，了解常见抗生素的抗菌谱。

三、实验器材

（1）菌种与培养基　　金黄色葡萄球菌（*Staphylococcus aureus*）、大肠杆菌（*Escherichia coli*）斜面菌种（野生株及不同抗药程度的抗链霉素菌株3株）；牛肉膏蛋白胨培养基斜面。

（2）仪器及用具　　供试抗生素：氨苄西林、氯霉素、卡那霉素、链霉素和四环素。恒温培养箱、镊子、圆滤纸片（直径为8.5mm）或牛津杯、培养皿（直径12cm）。

四、实验步骤

1. 供试菌的培养基制备及培养

金黄色葡萄球菌（代表革兰氏阳性菌）和大肠杆菌（代表革兰氏阴性菌）接种在牛肉膏蛋白胨琼脂斜面上，置37℃下培养18~24h，取出后用5mL无菌水洗下，制成菌悬液备用。

2. 配制所需浓度的抗生素

各抗生素分别配制成以下浓度：氨苄西林100μg/mL（溶于水），氯霉素200μg/mL（溶于乙醇），卡那霉素100μg/mL（溶于水），链霉素100μg/mL（溶于水），卡那霉素

100μg/mL（溶于水），四环素 100μg/mL（溶于乙醇），配制好的溶液经 0.45μm 滤膜无菌过滤后备用。

3．抗生素抗菌谱的测定

采用液体扩散法，分别吸取供试菌悬液 0.5mL 加在牛肉膏蛋白胨琼脂平板上，用无菌涂布棒涂布均匀（每个学生 2 个平板，一个涂布大肠杆菌，另一个涂布金黄色葡萄球菌），待平板表面液体渗干后，在皿底用记号笔分成 6 等份，每一等份标明一种抗生素（图 42-1），设无菌水作为对照，用滤纸片法或管碟法测定。

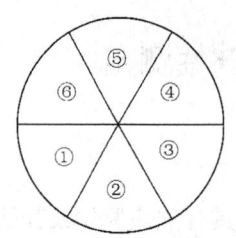

图 42-1　抗生素抗菌谱的测定示意图
①氨苄青霉素；②氯霉素；③卡那霉素；④链霉素；⑤四环素；⑥无菌水

具体方法：用无菌镊子将滤纸片浸入上述抗生素溶液中，取出，并在瓶内壁除去多余的药液，以无菌操作将纸片对号转放到接好供试菌平板的小区内，或将牛津杯置于供试菌的平板上，加入一定量的抗生素溶液，置 37℃，培养 18～24h，测定抑菌圈的直径，用抑菌圈的大小来表示抗生素的抗菌谱。

4．抗生素的抗药性测定

1) 制备链霉素药物平板：取 4 套无菌培养皿，皿底标记编号，从链霉素溶液（100μg/mL）中，分别吸出 0.2mL、0.4mL、0.6mL 和 0.8mL。加至以上培养皿中，倒入冷却至 50℃熔化的牛肉膏蛋白胨培养基中，迅速混匀，制成药物平板，待凝后在每个培养皿的皿底划分成 4 份，并注明 1～4 号，备用。

2) 抗药性测定：在以上 1～3 号空格上分别接上不同抗药程度的抗链霉素菌株 3 株，在 4 号接入野生型菌株作为对照，37℃培养 24h 后观察菌生长情况，并记录。以"＋"表示生长，以"－"表示不生长。

五、注意事项

1．供试菌液涂布于平板后，待菌液稍干再加入滤纸片或牛津杯。
2．制备药物平板时，注意把药物与培养基充分混匀。

六、实验结果

1．将抗生素的抗菌结果填入表 42-1。

表 42-1　各种抗生素的抗菌效果

抗生素	抗菌谱（抑菌圈直径/mm）		作用机制
	金黄色葡萄球菌	大肠杆菌	
氨苄西林			
链霉素			

续表

抗生素	抗菌谱（抑菌圈直径/mm）		作用机制
	金黄色葡萄球菌	大肠杆菌	
卡那霉素			
氯霉素			
四环素			
对照（无菌水）			

2. 根据以上结果说明供试抗生素的抗菌谱。
3. 记录不同大肠杆菌的抗药性测定结果。

七、思考题

1. 抗生素对微生物的作用机制有几种？举例说明。
2. 如供试菌为酵母菌、放线菌或霉菌，应如何测定抗生素的抗菌谱？

实验43　酚降解菌的分离与纯化及高效菌株的选育

一、实验目的

1. 掌握从含酚废水中分离纯化酚降解菌株的方法。
2. 学习高效降解菌株的选育技术。
3. 了解微生物处理法在污水治理中的作用。

二、实验原理

酚类化合物是化工、钢铁等工业废水的主要有毒成分。含酚污水是当今国内外污染范围较广泛的工业废水之一，是环境中水污染的重要来源。未经处理的废水直接排放、灌溉农田可污染大气、水、土壤和食品。

现阶段含酚污水的处理方法主要有物化方法和基于活性污泥法的生物处理法。微生物作为活性污泥的主体，是有毒物质分解转化的主要执行者。某些耐酚的假单胞菌和假丝酵母能在含酚废水的活性污泥中生长，具有较强的降解苯酚的能力。苯酚经微生物体内单加氧酶氧化转变为邻苯二酚，细菌中邻苯二酚的降解大多数沿着邻位裂解途径进行，生成 β-酮己二酸（3-氧己二酸）后，最终生成乙酰 CoA 和琥珀酸，再进一步通过三羧酸循环氧化成 CO_2 和 H_2O，见图 43-1。

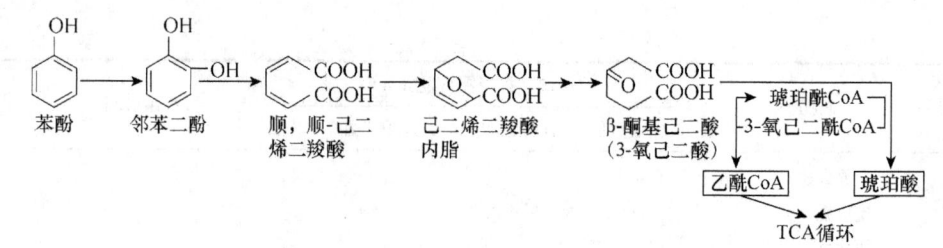

图 43-1 苯酚的微生物邻位裂解途径

从自然界中筛选分离出能够降解特定污染物的高效菌种，探讨其降解特性，并应用于污水处理系统中具有重要现实意义。本次实验以含酚污水中酚降解菌的筛选、分离与纯化为例，介绍某些特殊污染物微生物高效降解菌的选育技术。

一般微生物在含苯酚培养基上不能生长，苯酚耐受菌株的筛选，可采用与筛选药物抗性菌株一样的梯度平板法。即在培养基中加入一定量的药物，使大量细胞中的少数抗性菌细胞在平板上的一定剂量药品的部位长成菌落。从而判定该菌耐苯酚的能力。

三、实验器材

（1）菌源与培养基　含酚工业污水或含酚废水曝气池中的活性污泥。耐酚细菌、真菌培养基（固体、液体、斜面），苯酚无机培养液，碳源对照培养液 A 及苯酚培养液 B。

（2）试剂　酚标准液，2% 4-氨基安替比林溶液，氯仿，氨性氯化铵缓冲液，0.1mol/L 溴酸钾-溴化钾溶液，0.1mol/L 硫代硫酸钠溶液，1%淀粉溶液，8%铁氰化钾溶液等。

（3）仪器及用具　培养箱、无菌培养皿、无菌移液管、容量瓶、试剂瓶、酸式滴定管等。

四、实验步骤

（一）采样

自焦化厂、钢铁公司化工厂处理含酚工业污水的曝气池中取活性污泥和含酚污水，装于无菌锥形瓶中，带回实验室及时分离筛选。记录采样日期、地点、曝气池的水质分析，包括挥发酚、五日生化需氧量 BOD_5、化学需氧量 COD、焦油、硫化物、氰化物、总氮、氨态氮、磷、pH、水温等。

（二）耐酚菌驯化

先将从含酚工业废水中采集来的活性污泥放入苯酚无机培养液中（苯酚终浓度为 25mg/L，$MgSO_4 \cdot 7H_2O$ 终浓度为 0.3%，KH_2PO_4 终浓度为 0.3%），30℃振荡培养 6~10d，使苯酚降解菌大量增殖，淘汰对酚不适应的微生物；再添加苯酚无机培养液（苯酚终浓度增加至 100mg/L）30℃振荡培养 4～6d。再添加苯酚无机培养液（苯酚终浓度增加至 200mg/L）30℃振荡培养 4～6d，再添加 250mg/L 苯酚无机培养液，30℃培养 4d 后从中选出对苯酚耐受力强的苯酚降解菌。

（三）梯度平板法分离纯化

1．梯度平板制备

在已灭过菌的培养皿中，先倾倒 7～10mL 不含苯酚的已灭过菌的细菌或真菌培养基，将培养皿一侧放置在木条上，使皿中的培养基倾斜成斜面，而且刚好完全盖住培养皿底部，待培养基凝固后，将培养皿放平，再倾倒 7～10mL 已熔化的无菌耐酚真菌培养基或耐酚细菌培养基（苯酚终浓度为 75mg/100mL），刚好完全盖住下层斜面，由于苯酚的扩散作用，上层培养基薄的部分苯酚浓度大大降低，造成上层培养基由厚到薄苯酚浓度递减的梯度（图 43-2）。

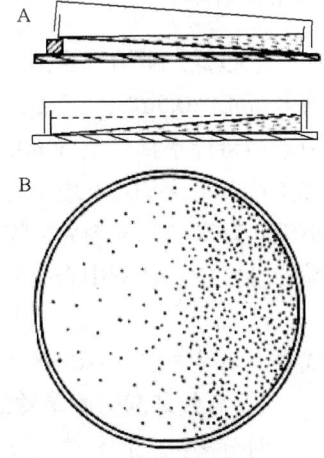

图 43-2　苯酚浓度梯度平板
A. 梯度平板的制作；B. 平板上菌落生长情况

2．涂布法分离

将采集的样品按稀释涂布法分离，30℃培养 2d 后，平板上生长的菌落也形成密度梯度，上层培养基薄的部分苯酚低浓度区形成菌苔较多，上层培养基厚的部分苯酚高浓度区出现稀少菌落。将此菌落在耐酚细菌培养基平板或耐酚真菌培养基平板上连续划线分离，最后挑取单菌落接种到耐酚斜面培养基上，30℃培养 2d。

（四）性能测定

1．初筛

制备不同浓度苯酚含量的平板培养基（苯酚终浓度依次为 0.025%、0.045%、0.060%、0.075%）。将选出的耐酚力强的菌株在其上分别划线分离，自高酚浓度平板上长出的菌落，即为苯酚降解力高的菌株。

2．复筛

将经初筛纯化的菌种，分别接入碳源对照培养液 A 和苯酚培养液 B 中，20℃振荡培养 48h，于发酵的 0h、12h、24h、36h、48h 取样，在 600nm 处检测光密度值，或采用比浊法在浊度计上测定混浊度。绘制在葡萄糖培养液和苯酚培养液上的生长曲线，在 250mg/L 苯酚培养液中生长速度下降不明显者为耐酚菌株。

3．苯酚降解率的测定

发酵液中苯酚含量测定：在 NH_4OH-NH_4Cl 缓冲液中使发酵液中苯酚游离出来，苯酚与 4-氨基安替比林发生缩合反应，在氧化剂铁氰化钾的作用下，酚被氧化生成醌而与 4-氨基安替比林偶合而显色（**注意**：测定中不能颠倒加试剂的顺序）。

测定接种前和发酵终止时的发酵液苯酚浓度,计算苯酚降解率。若苯酚降解率大于80%,表明确为有效的苯酚降解菌。

$$苯酚降解率(\%) = \frac{未接种前发酵液苯酚含量 - 发酵终止时发酵液苯酚含量}{未接种前发酵液苯酚含量} \times 100$$

取适量发酵液（含酚量大于10μg）于50mL锥形瓶中。同时分别吸取酚标准液0.0mL、0.5mL、1.0mL、2.0mL、3.0mL、4.0mL、5.0mL于同型号的各锥形瓶中,用蒸馏水稀释至50mL,然后向标准酚溶液和发酵的稀释液中各加入0.25mL 20% NH_4OH-NH_4Cl缓冲液,0.5mL 2% 4-氨基安替比林溶液,0.5mL 8%铁氰化钾溶液,每次加入试剂后需均匀混合,放置15min后在510nm处比色测定。制作苯酚标准曲线,从图中查出发酵液中苯酚含量。

$$苯酚含量 = V_1 \times 1000/v$$

式中,V_1为相当于标准酚溶液中的酚量(mg);v为发酵液体积(L)。

4. 高效苯酚降解菌株的鉴定

对分离纯化菌株进行形态学特征、生理生化等方面的鉴定。

五、注意事项

分离筛选苯酚降解菌前需要对样品进行苯酚的耐受驯化。

六、实验结果

1. 观察记录苯酚降解菌株的初筛结果。
2. 观察记录苯酚降解菌株的复筛结果。
3. 观察记录高效苯酚降解菌株的降解率和鉴定结果。

七、思考题

1. 分析耐酚真菌培养基、苯酚无机培养液和苯酚培养液B成分,说明其适用于分离苯酚降解细菌和苯酚降解酵母菌的原因。
2. 说明采用梯度平板法进行药物抗性菌株筛选的优越性。
3. 请设计一套从自然界筛选分离一株特殊污染物降解能力高的菌株的方案。

实验44 土壤中产脂肪酶菌株的分离纯化及高产菌株的选育

一、实验目的

1. 掌握脂肪酶生产菌的分离筛选方法。
2. 熟悉高产脂肪酶突变株的基本操作技术。

二、实验原理

脂肪酶（lipase，EC 3.1.1.3），即三酰基甘油酰基水解酶。脂肪酶在很多方面的应用中都有着极其重要的作用。在食品生产方面，脂肪酶可以用于生产改变食物口感和风味的化学物质，包括脂肪酸酯、乙醇、丙酮及乙醚等物质；脂肪酶还被用于生活污水及生活废弃物或工业废弃物的处理。资源酶微生物广泛分布于自然界，产生脂肪酶的微生物种类极其繁多，微生物提取脂肪酶具有很多优点。本实验欲从土壤中分离筛选出具有高特异性和高活力的产脂肪酶的菌株。

根据不同脂肪酶的底物特异性不同的原理，大部分橄榄油是 16 个碳的油脂，可筛选出作用于较长碳链的脂肪酶，在橄榄油油脂同化平板上产生水解圈（图 44-1）；而 Tween-80 中所含碳的数目较少，可筛选出作用于底物碳链较短的脂肪酶，Tween-80 琼脂平板上，菌株的产物会与平板中的 Ca^{2+} 结合形成白色的沉淀圈（图 44-2）。

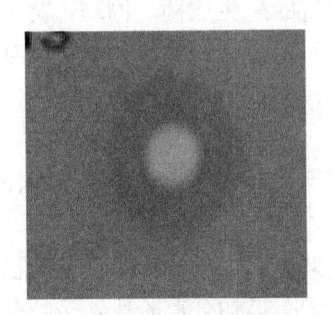

图 44-1 菌株在油脂平板上的水解圈　　图 44-2 菌株在 Tween-80 平板上的沉淀圈

高产突变菌种有着十分重要的意义。首先，高产突变株常常能够比亲株产生高出很多倍的酶。在另一些情况下，突变株能够产生比较少的不需要酶或其他代谢产物，因而有利于酶的回收和提纯。而获得高产突变株的方法有以下一些：采用物理和化学因子来处理微生物，并使其发生变异。常用的化学诱变剂有氮介子气、亚硝酸、硫酸二乙酯、环氧乙烷、乙烯亚胺等；物理因子有紫外线、X 射线等。

三、实验器材

（1）培养基

1）高氏 I 号培养基：可溶性淀粉 20g，KNO_3 1g，NaCl 0.5g，K_2HPO_4 0.5g，$MgSO_4$ 0.5g，$FeSO_4$ 0.01g，琼脂 20g，pH 7.2~7.4，加水至 1000mL。

2）发酵培养基：葡萄糖 20g，$(NH_4)_2SO_4$ 30g，K_2HPO_4 1g，$MgSO_4$ 1g，橄榄油 10g，pH 7.0，加水至 1000mL。

3）橄榄油油脂同化平板：酵母粉 10g，蛋白胨 20g，$(NH_4)_2SO_4$ 2g，K_2HPO_4 1g，NaCl 5g，$MgSO_4 \cdot 7H_2O$ 0.5g，$FeSO_4 \cdot 7H_2O$ 0.01g，琼脂 15g，乳化后橄榄油 10g，加水至 1000mL。

4）Tween-80 琼脂平板：蛋白胨 10g，NaCl 0.5g，$CaCl_2$ 0.1g，Tween-80 10g，琼脂 15g，加水至 1000mL。

（2）试剂　　K_2HPO_4、KH_2PO_4、Na_2HPO_4、NaH_2PO_4、$(NH_4)_2SO_4$、NH_4Cl、$FeSO_4 \cdot 7H_2O$、NaCl、$MgSO_4 \cdot 7H_2O$、NaOH、Tris、葡萄糖、可溶性淀粉、牛血清白蛋白（BSA）橄榄油、琼脂、聚乙烯醇（PVA-124）、甘氨酸、冰醋酸等。

（3）仪器及用具　　培养箱、培养皿、离心机、锥形瓶等。

四、实验步骤

1. 样品的采集

采样的目的决定采样地点的选择、采样方法及采样的数量。一般而言，存在目的酶作用底物或潜在作用底物的场所是首选的采样地。微生物具备很强的适应能力，因而也能从一些看似并不相关的环境中获得目的酶生成菌。同理，将一些"不相干"的样品采集回来以后，通过用某种营养物质富集培养也可以从中将某种酶产生菌分离出来。本实验采集油脂污水作为试样。

2. 菌株的分离

采用实验 15 的方法进行菌株的分离与培养。将纯菌株保存于营养琼脂斜面。

3. 产脂肪酶菌株的初筛

菌种初筛的目的是要用最简单和最快捷的方法来对大量的待筛菌进行测试。初筛有两种方法：①用简单的定性反应进行初筛；②在最初分离阶段给予特殊的培养基或培养条件，进而让目的菌株得以繁殖，尽可能把只成为目的菌的菌株或只将其最适菌株的一株纯化分离。总之，将纯化菌株点种于 Tween-80 琼脂选择性平板、橄榄油油脂同化选择性平板，30℃恒温培养，观察两种平板上有无出现白色沉淀圈和水解圈。测定菌株的沉淀圈直径（D_p）、菌落直径（d_p）及两者比值 D_p/d_p，水解圈直径（D_h）、菌落直径（d_h）及两者的比值 D_h/d_h，筛选 D_h/d_h 比值较大的菌株进行复筛。

4. 产脂肪酶菌株的复筛

将初筛选所得 D_h/d_h 值大于或等于 2 的菌株接入发酵培养基中，于 30℃ 160r/min 摇瓶培养 72h。12 000r/min 离心收取发酵上清液，测定脂肪酶酶活。将酶活较大的菌株接种于改良高氏 I 号斜面培养基试管中，于 4℃冰箱中保存。

采用酸碱滴定法测定脂肪酶酶活：取 2 支 100mL 的锥形瓶，分别于空白瓶（A）和样品瓶（B）中各加入 4mL 2%橄榄油乳化液为底物和 5mL 0.025mol/L pH 7.5 磷酸缓冲液，再向 A 瓶中加入 15mL 95%乙醇。A 瓶和 B 瓶放入 40℃水浴锅内预热 5min，然后再向两瓶中各加入 1mL 发酵上清液，反应 15min 后，立即向 B 瓶中加入 15mL 95%乙醇终止反应。最后向两瓶中各加 2 滴 1%酚酞指示剂，通过 0.05mol/L NaOH 滴定至反应体系呈微红色即为终点，记录反应体系消耗 NaOH 的体积，测定脂肪酶水解橄榄油乳化液产生的脂肪酸量。

在上述反应条件下，每分钟水解橄榄油产生 1μmol 游离脂肪酸所需的酶量定义为一个酶活单位（U）。

滴定法测定样品酶活力可由下式计算：
$$酶活力（U/mL）=(A-B)\times M\times n\div t$$
式中，A 为样品消耗的 NaOH 量；B 为对照样品消耗的 NaOH 量；n 为稀释倍数；t 为反应时间；M 为 NaOH 的摩尔质量（1mol/L=1mg）。

5. 产脂肪酶菌株的鉴定

分别进行形态学特征和生理生化鉴定。

6. 目的酶产生菌高产突变体的获得

高产突变菌种的获得参照实验 40、实验 41 方法进行。将突变后酶活增大的菌株接种于改良高氏 I 号斜面培养基试管中，于 4℃冰箱中保存。

五、注意事项

1. 采用酸碱滴定法测定脂肪酶酶活，注意观察颜色变化。
2. 制备筛选平板时底物要尽量彻底乳化。

六、实验结果

1. 产脂肪酶菌株的初筛结果：观察橄榄油油脂同化选择性平板上有无水解圈，Tween-80 琼脂选择性平板有无出现白色沉淀圈。测定菌株的沉淀圈直径（D_p）、菌落直径（d_p）及两者比值 D_p/d_p，水解圈直径（D_h）、菌落直径（d_h）及两者的比值 D_h/d_h。

2. 产脂肪酶菌株的复筛结果：比较筛选菌株的脂肪酶酶活。

3. 目的酶产生菌高产突变体的获得：将突变后酶活增大的菌株接种于改良高氏 I 号斜面培养基试管中，于 4℃冰箱中保存。

七、思考题

1. 产脂肪酶菌株的分离筛选时应注意哪些问题？
2. 获取目的酶产生菌高产突变体的方法有哪些？

实验 45　活性污泥脱氢酶活性的测定

一、实验目的

了解活性污泥脱氢酶活性测定的原理及方法。

二、实验原理

有机物在生物处理构筑物中的分解，是在酶的参与下实现的，在这些酶中脱氢酶占有重要的地位，因为有机物在生物体内的氧化往往是通过脱氢来进行的。活性污泥中脱氢酶的活性与水中营养物浓度成正比，在处理污水的过程中，活性污泥脱氢酶活性的降低，直接说明了污水中可利用物质营养浓度的降低。此外，由于酶是一类蛋白质，对毒物的作用非常敏感，当污水中有毒物存在时，会使酶失活，造成污泥活性下降。在生产实践中，我们常常在设置对照组，消除营养物浓度变化影响因素的条件下，通过测定活性污泥在不同工业废水中脱氢酶活性的变化情况来评价工业废水成分的毒性，评价对不同工业废水的生物可降解性。

脱氢酶是一类氧化还原酶，它的作用是催化氢从被氧化的物体（基质 AH）中转移到另一个物体（受氢体 B）上：

$$AH + B \rightleftharpoons A + BH$$

为了定量地测定脱氢酶的活性，常通过指示剂的还原变色速度来确定脱氢过程的强度。常用的指示剂有 2,3,5-三苯基四氮唑氯化物（TTC）或亚甲蓝，它们在从氧化状态接受脱氢酶活化的氢而被还原时具有稳定的颜色，我们可通过比色的方法，测量反应后的颜色来推测脱氢酶的活性，如 TTC（无色）、TF（红色）。

$$C_6H_5-C\begin{matrix}N-N-C_6H_5\\||\\N=N-C_6H_5\\|\\Cl\end{matrix} \xrightarrow[+2H]{+2e} C_6H_5-C\begin{matrix}H\\|\\N-N-C_6H_5\\||\\N=N-C_6H_5\end{matrix} + HCl$$

TTC（无色）　　　　　　　　　　TF（红色）

三、实验器材

（1）仪器及用具　　72 型分光光度计、恒温水浴锅、离心机（4000r/min）、15mL 离心管、移液管、黑布罩等。

（2）试剂

1）Tris-HCl 缓冲液（0.05mol/L）：称取三羟甲基氨基甲烷 6.037g，加 1.0mol/L HCl 20mL，溶于 1L 蒸馏水中，pH 为 8.4。

2）氯化三苯基四氮唑（TTC）（0.2%～0.4%）：称取 0.2g 或 0.4g TTC 溶于 100mL 蒸馏水中，即成 0.2%～0.4%的 TTC 溶液（每周新配）。

3）亚硫酸钠（0.36%）：称取 0.3657g 亚硫酸钠溶于 100mL 蒸馏水中。

4）丙酮（或正丁醇及甲醇）（分析纯）。

5）连二亚硫酸钠、浓硫酸。

6）生理盐水（0.85%）：称取 0.858g NaCl，溶于 100mL 蒸馏水。

四、实验步骤

1. 标准曲线的制备

1）配制 1mg/mL TTC 溶液：称取 50.0mg TTC，置于 50mL 容量瓶中，以蒸馏水定容至刻度线。

2）配制不同浓度 TTC 溶液：从 1mg/mL TTC 溶液中分别吸取 1mL、2mL、3mL、4mL、5mL、6mL、7mL 放入每个容积为 50mL 的一组容量瓶中，以蒸馏水定容至 50mL，各瓶中 TTC 浓度分别为 20μg/mL、40μg/mL、60μg/mL、80μg/mL、100μg/mL、120μg/mL、140μg/mL。

3）每支带塞离心管内加入 Tris-HCl 缓冲液 2mL＋2mL 蒸馏水＋1mL TTC 溶液（从低浓度到高浓度依次加入）；对照管加入 2mL Tris-HCl 缓冲液＋3mL 蒸馏水，不加入 TTC，所得每支离心管 TTC 含量分别为 20μg、40μg、60μg、80μg、100μg、120μg、140μg。

4）每管各加入连二亚硫酸钠 10g，混合，使 TTC 全部还原，生成红色的 TF。

5）在各管加入 5mL 丙酮（或正丁醇和甲醇），抽提 TF。

6）在分光光度计上，于 485nm 波长下测光密度，测绘标准曲线。

2. 活性污泥脱氢酶活性的测定

1）活性污泥悬浮液的制备：取活性污泥混合液 50mL，离心后弃去上清液，再用 0.85%生理盐水（或磷酸盐缓冲液）补足，充分搅拌洗涤后，再次离心弃去上清液；如此反复洗涤 3 次后再以生理盐水稀释至原来体积备用。以上步骤有条件时可在低温（4℃）下进行，生理盐水也预先冷至 4℃。

2）在三组（每组三支）带有塞的离心管内分别加入表 45-1 所列材料与试剂。

3）样品试管摇匀后置于黑布袋内，立即放入 37℃恒温水浴锅内，并轻轻摇动，记下时间。反应时间依显色情况而定（一般采用 10min）。

4）对照组试管，在加完试剂后立即加入一滴浓硫酸。另两组试管在反应结束后各加一滴浓硫酸终止反应。

表 45-1　脱氢酶活性测定中各组试剂加量

组别	活性污泥悬浮液/mL	Tris-HCl 缓冲液/mL	Na$_2$SO$_3$ 液/mL	污水/mL	TTC 溶液/mL	蒸馏水/mL
1	2	1.5	0.5	0.5	0.5	—
2	2	1.5	0.5	—	0.5	0.5
3	2	1.5	0.5	—	—	0.5

5）在对照管与样品管中各加入丙酮（或正丁醇和甲醇）5mL，充分摇匀，放入 90℃恒温水浴锅中抽提 6～10min。

6）4000r/min，离心 10min。

7）取上清液在 485nm 波长下比色，光密度 OD 读数应在 0.8 以下，如颜色太深应以丙酮稀释后再比色。

8）标准曲线上查 TF 的产生值，并算得脱氢酶的活性。

五、注意事项

在活性污泥悬浮液的制备过程中，防止温度过高，有条件可在低温（4℃）下进行，生理盐水也预先冷至 4℃。

六、实验结果

1. 标准曲线的制备

将标准曲线测定时的数值填入表 45-2 中。再根据表中数据以 TTC 为横坐标，OD 值为纵坐标绘制标准曲线。

表 45-2　标准曲线 OD 实测值

TTC/μg	OD 值 1	2	3	4
20				
40				
60				
80				
100				
120				
140				

2. 活性污泥脱氢酶活性的测定

1）将样品组的 OD 值（平均值）减去对照组 OD 值后，在标准曲线上查 TF 的产生值。

2）算得样品组（加基质与不加基质）的脱氢酶活性 X [μg/（mL 活性污泥·h）]。

$$X[\text{TF}\mu g/(L\text{活性污泥}\cdot h)]=A\times B\times C$$

式中，X 为脱氢酶活性；A 为标准曲线上读数；B 为反应时间校正＝60min/实际反应时间；C 为比色时稀释倍数。

七、思考题

1. 为什么说活性污泥在不同工业废水中脱氢酶活性的变化可以用来评价工业废水成分的毒性？
2. 简述脱氢酶活性测定原理。

实验46 自控发酵罐的原理和使用

一、实验目的

1. 了解实验室台式自控发酵罐的构造与工作原理。
2. 学习用发酵罐培养微生物细胞的操作步骤与方法。

二、实验原理

在微生物纯培养研究中，许多潜在有应用价值的初筛菌，常需在实验室利用小型发酵罐进行扩大培养与生产工艺的探索，以便为日后工业投产提供工艺流程，减少盲目性投产而造成的重大经济损失。利用实验室台式自控发酵罐培养微生物的研究是现代生物技术的重要支柱之一。

深层液体培养技术是一种培养微生物细胞的复杂工艺系统，它能使发酵罐内积累大量微生物细胞或代谢产物。实验室的台式发酵罐系统能够较好地完成各发酵参数的探索与研究，并根据需要及时、连续地补充营养、调节pH、提供溶解氧等，以满足微生物生长繁殖所需要的营养物质和环境条件，达到最佳的预期目标，为大规模工业生产提供了实践经验与理论依据。

实验室用的自控发酵罐体积大多为1～150L，它们基本上由两部分组成。

（1）发酵系统的控制及辅助设备　　控制器主要是对发酵过程中的各种参数（温度、pH、溶解氧、搅拌速度、空气流量和泡沫水平等）的控制进行设定、显示、记录及对这些参数进行反馈调节控制。其他辅助设备则由加热灭菌的蒸汽发生器、供氧系统中的空气压缩机及远距离调控与自动记录的电脑系统等外围设备组成。

（2）小型发酵罐系统　　它是微生物发酵的主题设备，其主要有五大部件及罐体内的消泡装置等组成。

1）罐体系统：通常为一个耐压的圆柱状罐体，其高和直径之比为（1.5～1）∶1，由玻璃钢或不锈钢等材料制成，罐体上附有夹套、罐体的盖子及其通有控制的各种管路和一些附件（罐压表、布料口等）。

2）搅拌系统：由驱动马达、搅拌轴和涡轮式搅拌器等组成，也有的采用磁力搅拌（使罐体的密封性更可靠）装置。主要用于提高气-液和液-固混合及溶质间热量的传递，特别是通过增加气-液间的湍流搅动，增加气-液接触面积及延长气-液接触的时间等，提高溶解氧的利用率，有利于提高发酵液生物量或促进代谢产物的积累。

3）保温系统：用来带走生物氧化及机械搅拌所产生的热量，以保持菌种在适宜的温度下进行发酵。通常发酵罐利用夹套系统来保温，它与外界的冷水、热水的管路及加热器系统相连接，同时又与发酵罐温控制器组建成自控保温系统，在发酵中保持罐体培养温度的稳定，以确保发酵的稳定与高产，同时也可为发酵罐内培养基灭菌时提供升温预热，控制实罐灭菌时发酵液的增量（高温蒸汽溶入所致）。

4）通气系统：主要是由空气压缩器、孔径在 0.2μm 左右的微孔滤膜和空气分布器及管路组成的一个系统，用来提供好氧性微生物发酵过程中所需氧。为了减少发酵液的挥发和防止菌种逸散到罐外空气中，常在罐体的排气口安装冷凝器和微孔过滤片。

5）消泡系统：通常发酵液中有大量蛋白质，在强烈搅拌下会产生大量的泡沫，严重时泡沫将导致罐体发酵液的外溢而增加染菌的机会，故发酵中常需用流加消泡剂方法来消除泡沫。

6）检测系统：发酵中常用参数检测有 pH 电极、溶氧电极、温度传感器、泡沫传感器及菌密度探测器等，其确保微生物细胞在最适环境下进行生长繁殖和分泌产物，达到稳质与高产的目的。

本实验使用 5L 台式全自动控制发酵罐进行大肠杆菌的液体发酵与培养，以达到熟悉台式自控发酵罐使用的原理与操作流程。

三、实验器材

（1）菌种　　大肠杆菌(*Escherichia coli*)。

（2）培养基　　种子培养基与发酵培养液。

1）种子培养基：葡萄糖 1.0g，酵母膏 0.5g，牛肉膏 0.5g，氯化钠 0.5g，加水定容至 100mL，调 pH 至 7.2～7.4。

2）发酵培养液：葡萄糖 60g，蛋白胨 30g，酵母膏 15g，牛肉膏 30g，氯化钠 15g，氯化铵 15g，加水定容至 3000mL，调 pH 至 7.2～7.4。

（3）试剂　　费林试剂。

1）A 溶液：$CuSO_4 \cdot 5H_2O$ 35g，次甲基蓝 0.05g，溶解后定容至 1000mL。

2）B 溶液：酒石酸钾钠 117g，氢氧化钠 126.4g，亚铁氰化钾 9.4g，溶解后定容至 1000mL。

（4）其他　　0.1%标准葡萄糖溶液，40%氢氧化钠溶液，BAPB 消泡剂，乙醇等。

（5）仪器及用具　　蒸汽发生器、721型分光光度计、发酵罐、锥形瓶等。

四、实验步骤

实验流程如下。

制备种子液→配制发酵液→装罐→制备蒸汽→实罐灭菌→接种→检测控制→发酵结束。

1. 制备种子液

大肠杆菌斜面菌种活化（新鲜斜面传1~2代）。将活化斜面菌种移接至两瓶种子培养基中，将接种后的锥形瓶放入摇床进行通气培养，转速150r/min，温度37℃，*E. coli* 菌液培养10h左右菌龄约为对数后期。

2. 配制发酵液

按配方分别称取各营养物药品，加水定容至3L（实罐灭菌通常先加85%的水），调pH至7.2~7.4。

3. 装罐

（1）清洗　　清洗发酵罐的罐体及管路系统，以防前次发酵中发酵罐黏附的杂质对本次发酵试验产生影响或干扰，以确保各批次试验间的相对稳定。

（2）装料　　将配制与调好pH的培养液倒入发酵罐中，实罐灭菌时通常控制加水量，留意罐体3L容量的标记线位置。

（3）密封　　盖好装料口的盖子并旋紧密封，开、关好发酵罐体各管道系统上的阀门以待灭菌。

4. 制备蒸汽

5L自体发酵罐配置3kW蒸汽发生器1台，可产生0.3MPa的压力蒸汽，供加温灭菌用。压力蒸汽的制备方法如下。

（1）加水　　制备蒸汽之前，蒸汽发生器的贮水腔内先加足水（加水至左侧计量管上限刻度线）以产生足够的蒸汽压力供罐体灭菌使用。

（2）开启　　启动开关至"on"，蒸汽发生器电源指示灯闪亮时则蒸汽发生器进入加热状态，并将产生蒸汽压，注意表头上所显示的蒸汽压的变化动态。

（3）升压　　密切注意蒸汽发生器内蒸汽压的升降变化。当蒸汽压至0.2kPa压力时，即可向发酵罐系统提供压力蒸汽，为罐体的预热与实罐灭菌做准备。

此时应注意操作安全，加压蒸汽的管路与罐体均易烫伤裸露皮肤。

（4）稳压　　通常当蒸汽发生器内的蒸汽压达到0.25kPa时，则蒸汽发生器会自动切断电源与维持其额定的蒸汽压，若遇到异常应切断电源后检修。

5. 实罐灭菌

实罐灭菌是微生物培养成功与否的关键操作之一。发酵前期的污染常与灭菌不彻底有关，为确保微生物能在无污染的情况下进行纯培养，须严格按实罐灭菌程序进行操作，操作流程如下。

（1）灭菌前准备　首先检测加压蒸汽源的贮备，发酵罐体的密封性能与表压灵敏度，管路系统的畅通性与其阀门性能完好情况，然后关闭发酵罐体及其相连或直接贯通的所有管路系统的阀门。

（2）发酵液预热

1）设置参数：管体预热时可接通发酵罐系统自动控制系统的电源开关，使发酵罐处于正常工作状态。开启控制器面板上的搅拌按钮至灯亮的工作状态，并调节手动控制转速为300r/min。

2）开启供气：开启空气压缩机，正常供气。

3）监控记录：启动电脑电源，监控与记录。

4）蒸汽供应：开启蒸汽发生器出口处的送气阀门至最大，为发酵罐的预热实罐灭菌提供气源。

5）夹套式预热：开启通往发酵罐夹套系统路径上的全部阀门，使高温蒸汽缓缓进入夹套中，并预热罐体内的培养基。预热中注意排水系统是否通畅。利用调节排水量的大小来控制供应高温蒸汽的量与预热的速度。

6）实罐灭菌：当罐体内发酵液温度上升至90~95℃时，可关闭机械搅拌（可减少泡沫，还能延长密封轴的寿命）与通入罐体夹套的蒸汽阀门，由两路蒸汽管道（供气口与取样口）直接向罐体培养基内通入高温蒸汽，以搅动培养液进行实罐灭菌，使培养液快速升温至121℃，维持20min，达到灭菌效果。

7）口端灭菌：在罐温超过100℃时，应将取样口、排气口稍微打开，让微量高温蒸汽从口端排出并维持罐温，通常保温20min，使发酵罐彻底灭菌。然后关闭取样口和排气口的阀门，最后关闭两路入罐蒸汽管路上的阀门，灭菌完毕。

8）夹套降温：灭菌停止后应迅速降低罐内培养液的温度，以防发酵液内营养物在高温下的分解与破坏。此时应开启水泵与自来水龙头的开关，同时打开通往罐体夹套的水循环管路上的各阀门，让冷水流入以迅速冷却罐体内的高温培养液，在将至培养液的最适温度前，开启设定温度的自动调节钮，实现罐温的自动控制。

9）供气冷却：在冷却发酵液过程中，要及时打开空气压缩机的供气管路阀门，向发酵罐体内缓慢放大，谨防空气在热罐中突然膨胀使罐内瞬时升压而冒液。

10）在启搅拌：待罐温降至90~95℃时再次开启发酵罐的搅拌系统，以使罐内热传导加快和培养液冷却均匀。

6．接种和发酵控制

（1）接种

1）接种准备：旋松发酵罐上方的接种口盖子，点燃接种火圈环套（环上缠有多层纱布并吸足乙醇），套在接种口的盖子上，同时备用大镊子以夹住接种口盖并移至火焰的无菌处。

2）火焰灭菌：火圈套环灼烧接种口10~20s，同时保持接种口周围小范围处于严格无菌状态。

3）无菌启盖：迅速用大镊子夹住接种口盖子，移去并保持在火焰旁的无菌操作区域内，待接种完后迅速盖上并旋紧。

4）接种操作：在火焰圈的上方无菌区域内，迅速打开接种瓶的纱布塞，按无菌操作法往接种口内倒入种子培养物，接种量常控制在5%~10%（接入菌种液与发酵液的体积比）。迅速将无菌盖子盖住接种口端，在火圈环中瞬即旋紧接种口的盖子，使罐压迅速恢复正常状态。

5）紧盖密封：移去接种口的火圈环并熄灭火焰。再复旋接种口至彻底密封于罐压稳定。

（2）取样测定　在发酵过程中可定时取样，用721型分光光度计测定发酵菌浓度的OD值和用费林氏法测定发酵液的含糖量，可大致了解与分析发酵的进程。

7. 葡萄糖含量的测定

1）预备测定：取费林氏A、B溶液各5L置于150mL的锥形瓶中，盖上盖子加热至沸腾，以0.1%标准葡萄糖溶液滴定至蓝色消失，记下所有标准葡萄糖溶液消耗量。

2）空白滴定：取费林氏A、B溶液各5L置于150mL的锥形瓶中，加入比预备试验少0.1~1.0mL的标准葡萄糖溶液，加热沸腾后，继续用标准葡萄糖溶液滴定至终点，记下标准葡萄糖溶液消耗量为V_1（mL）。

3）样品测定：吸取样品V（mL），加入已混有各5mL费林氏A、B溶液的锥形瓶中，同时根据测定样品含糖量多少，加入一定量的蒸馏水，达到与空白测定的体积相同和pH一致，以减少由体积与酸碱度引起的误差，用空白滴定的方法滴至终点，记下消耗标准葡萄糖溶液量为V_2（mL）。

五、注意事项

1. 各电极在调试、安装过程中要极其小心，防止电极头部损坏。
2. 在接种、取样等各个操作时要小心，严防杂菌污染。
3. 蒸汽发生器在接通电源加热前，首先检查水量是否足够。
4. 发酵期间，应维持发酵罐压在正常压（一般维持在0.045MPa）状态（接种的短暂时间罐压降至零除外）。

六、实验结果

1. 计算葡萄糖的消耗量（或培养基中残留量）

$$样品中葡萄糖含量（\%）= [(V_1-V_2)/10V] N \times 100$$

式中，V_1 为空白滴定耗取标准葡萄糖溶液量（mL）；V_2 为样品滴定耗去标准葡萄糖溶液量（mL）；V 为吸取样品量（mL）；N 为样品稀释倍数。

2. 将发酵罐批次培养的测定结果记录在表 46-1 中。

表 46-1　发酵罐批次培养记录

取样时间/h	1	2	3	4	5	6	7	8	9	10
糖的质量浓度/%										
光密度（A_{640}）										
酸碱度（pH）										

3. 镜检观察 E. coli 在不同发酵培养阶段中个体形态特征。

七、思考题

1. 发酵过程所需的无菌空气是如何获得的？发酵过程中搅拌的作用是什么？调节溶氧的措施有哪些？

2. 在取样与使用 721 型分光光度计测 OD 值时应注意哪几点？

3. 补料的作用是什么？如何进行补料？

主要参考文献

陈金声, 史家梁. 1996. 硝化速率测定和硝化细菌计数考察脱氮效果的应用 [J]. 上海环境科学, (3): 18-20.
郝涤非. 2012. 微生物实验实训 [M]. 武汉: 华中科技大学出版社.
黄秀梨. 1999. 微生物学实验指导 [M]. 北京: 高等教育出版社.
刘国生. 2007. 微生物学实验技术 [M]. 北京: 科学出版社.
罗大珍, 林稚兰. 2006. 现代微生物发酵及技术教程 [M]. 北京: 北京大学出版社.
牛天贵. 2011. 食品微生物学实验技术 [M]. 2版. 北京: 中国农业大学出版社.
牛志卿, 刘建荣, 吴国庆. 1994. TTC-脱氢酶活性测定法的改进 [J]. 微生物学通报, 21 (1): 59-61.
钱存柔, 黄仪秀. 1999. 微生物学实验教程微生物学实验 [M]. 北京: 北京大学出版社.
沈萍, 陈向东. 2010. 微生物学实验 [M]. 4版. 北京: 高等教育出版社.
唐丽杰, 马波, 刘玉芬. 2005. 微生物学实验 [M]. 黑龙江: 哈尔滨工业大学出版社.
王家玲. 1988. 环境微生物学实验 [M]. 北京: 高等教育出版社.
王兰. 2008. 环境微生物学实验方法与技术 [M]. 北京: 化学工业出版社.
王宜磊. 2010. 微生物学 [M]. 北京: 化学工业出版社.
徐威. 2004. 微生物学实验 [M]. 北京: 中国医药科技出版社.
杨革. 2004. 微生物学实验教程 [M]. 北京: 科学出版社.
杨汝德. 2009. 现代工业微生物学实验技术 [M]. 北京: 科学出版社.
赵斌, 何绍江. 2002. 微生物学实验 [M]. 北京: 科学出版社.
周德庆. 2006. 微生物学实验教程 [M]. 2版. 北京: 高等教育出版社.
JP哈雷. 2012. 图解微生物实验指导 [M]. 谢建平译. 北京: 科学出版社.

附　　录

附录1　实验室意外事故的处理

险情	紧急处理
火险	立即关闭电门、煤气，使用灭火器、沙土和湿布扑灭
乙醇或汽油等着火	使用灭火器、沙土或湿布覆盖，慎勿以水灭火
衣服着火	可就地或靠墙滚转
破伤	先除尽外物，用蒸馏水洗净，涂以碘液或红汞
火伤	可涂5%鞣酸、2%苦味酸或苦味酸铵苯甲酸丁酯油膏，或甲紫液等
灼伤	先以大量清水冲洗，再用5%碳酸氢钠或氢氧化铵溶液擦洗以中和酸
强酸、溴、氯、磷等酸性药品的灼伤	
强碱、氢氧化钠、金属钠、钾等碱性药品的灼伤	先以大量清水冲洗，再用5%硼酸溶液或乙酸溶液冲洗以中和碱
苯酚灼伤	以浓乙醇擦洗
眼灼伤	先以大量清水冲洗
眼为碱伤	以5%硼酸溶液冲洗，然后再滴入橄榄油或液状石蜡1~2滴以滋润之
眼为酸伤	以5%碳酸氢钠溶液冲洗，然后再滴入橄榄油或液状石蜡1~2滴以滋润之
食入腐蚀性物质	
食入酸	立即以大量清水漱口，并服镁乳或牛乳等，勿服催吐药
食入碱	立即以大量清水漱口，并服5%乙酸、食醋、柠檬汁或油类、脂肪
食入苯酚或来苏水	用40%乙醇漱口，并喝大量烧酒，再服用催吐剂使其吐出
吸入菌液	
吸入非致病性菌	立即以大量清水漱口，再以1:1000过猛酸钾溶液漱口
吸入致病性菌液	
吸入葡萄球菌、链球菌、肺炎球菌等	立即以大量清水漱口，再以消毒液1:5000米他芬（硝甲芬汞），3%过氧化氢或1:1000高锰酸钾溶液漱口
吸入白喉菌	经上法处理后，注射1000单位的白喉抗生素以预防
吸入伤寒、霍乱、痢疾、布氏等菌液	经上法处理后，注射疫苗及抗生素以预防患病

附录2　常用器皿的清洗与处理

1. 常用玻璃器材的处理

清洁的玻璃器皿是实验得到正确结果的先决条件，因此，玻璃器皿的清洗是实验前的一项重要准备工作。清洗方法根据实验目的、器皿的种类、所盛放的物品、洗涤剂的类别和沾污程度等的不同而有所不同。现分述如下。

（1）**新玻璃器皿的洗涤方法**　新购置的玻璃器皿含游离碱较多，应在酸溶液内先浸泡数小时。酸溶液一般用2%的盐酸或洗涤液。浸泡后依次用自来水、蒸馏水冲洗干净。

（2）**使用过的玻璃器皿的洗涤方法**　试管、培养皿、锥形瓶、烧杯等可用瓶刷或海绵蘸上肥皂粉或洗衣粉或去污粉等洗涤剂刷洗，然后用自来水充分冲洗干净。热的肥皂水去污能力更强，可有效地洗去器皿上的油污。洗衣粉和去污粉较难冲洗干净而常在器壁上附有一层微小粒子，故要用水多次甚至10次以上充分冲洗，或可用稀盐酸摇洗一次，再用水冲洗，然后倒置于铁丝框内或有空心格子的木架上，在室内晾干。急用时可盛于框内或搪瓷盘上，放烘箱烘干。

玻璃器皿经洗涤后，若内壁的水是均匀分布成一薄层，表示油垢完全洗净，若挂有水珠，则还需用洗涤液浸泡数小时，然后再用自来水充分冲洗。

装有固体培养基的器皿应先将其刮去，然后洗涤。带菌的器皿在洗涤前先浸在2%煤酚皂溶液（来苏水）或0.25%新洁尔灭（苯扎氯铵）消毒液内24h或煮沸半小时，再用上法洗涤。带病原菌的培养物最好先行高压蒸汽灭菌，然后将培养物倒去，再进行洗涤。

盛放一般培养基用的器皿经上法洗涤后，即可使用，若需精确配制化学药品，或做科研用的精确实验，要求自来水冲洗干净后，再用蒸馏水淋洗3次，晾干或烘干后备用。

（3）**玻璃吸管的洗涤方法**　吸过血液、血清、糖溶液或染料溶液等的玻璃吸管（包括毛细吸管），使用后应立即投入盛有自来水的量筒或标本瓶内，免得干燥后难以冲洗干净。量筒或标本瓶底部应垫以脱脂棉花，否则吸管投入时容易破损。待实验完毕，再集中冲洗。若吸管顶部塞有棉花，则冲洗前先将吸管尖端与装在水龙头上的橡皮管连接，用水将棉花冲出，然后再装入吸管自动洗涤器内冲洗，没有吸管自动洗涤器的实验室可用冲出棉花的方法多冲洗片刻。必要时再用蒸馏水淋洗。洗净后，放搪瓷盘中晾干，若要加速干燥，可放烘箱内烘干。

吸过含有微生物培养物的吸管也应立即投入盛有2%来苏水或0.25%新洁尔灭消毒液的量筒或标本瓶内，24h后方可取出冲洗。

吸管的内壁如果有油垢，同样应先在洗涤液内浸泡数小时，然后再行冲洗。

（4）载玻片与盖玻片的洗涤方法　　用过的载玻片与盖玻片如滴有香柏油,要先用皱纹纸擦去或浸在二甲苯内摇晃几次,使油垢溶解,再在肥皂水中煮沸5～10min,用软布或脱脂棉花擦拭,立即用自来水冲洗,然后在稀洗涤液中浸泡0.5～2h,自来水冲去洗涤液,最后用蒸馏水换洗数次,待干后浸于95%乙醇中保存备用。使用时在火焰上烧去乙醇。用此法洗涤和保存的载玻片和盖玻片清洁透亮,没有水珠。

检查过活菌的载玻片或盖玻片应先在2%来苏水或0.25%新洁尔灭溶液中浸泡24h,然后按上法洗涤与保存。

2. 橡胶类制品的处理

（1）橡皮塞

1）新的橡皮塞：先用清水洗净,再用5%碳酸钠水溶液中煮沸15min,自来水冲洗,0.5mol/L HCl中煮沸15min。

2）用过的橡皮塞：用高压蒸汽灭菌后洗净,加入少许洗涤剂煮沸15min,自来水冲洗干净,蒸馏水冲洗2次,晾干包装灭菌备用。

（2）橡皮手套　　被污染的手套,放入水中煮沸10min（水量要浸过,勿使手套粘到容器而破损）；用自来水清洗后,晾干；用滑石粉涂抹后使用,或用白布包好；高压蒸汽灭菌备用。

3. 金属器械的处理

（1）用过但无污染的刀、剪刀和镊子　　用自来水冲洗干净,立即擦干。若急用,在使用前浸泡在95%乙醇内,取出经过火焰,待器械上乙醇自行燃烧完即可使用。一般用高压蒸汽灭菌或煮沸消毒。

（2）污染的金属器械　　先煮沸15min,然后按上述处理。器械若带有动物组织碎屑,用5%苯酚溶液洗去碎屑,再高压蒸汽或煮沸灭菌。若急用,用乙醇烧灼灭菌[**注意**：金属器械（包括注射头）不要干烤灭菌,更不能在火焰上直接烧灼,引起金属钝化,影响使用]。

4. 塑料及有机玻璃器皿

器皿使用后,直接浸泡于3%盐溶液中过夜,取出用棉签蘸去污渍,逐孔擦洗,用自来水冲洗,蒸馏水洗2～3次,晾干。玻璃器皿不宜用辐射灭菌,因辐射会使玻璃变茶色。

附录3　常用培养基的配制

1. 亚硫酸铋琼脂（BS）

（1）成分　　蛋白胨10g,牛肉膏5g,葡萄糖5g,硫酸亚铁0.3g,磷酸氢二钠4g,煌绿0.025g,柠檬酸铋铵2g,亚硫酸钠6g,琼脂18～20g,蒸馏水1000mL, pH 7.5。

(2) 制法

1) 将前面 5 种成分溶解于 300mL 蒸馏水中。

2) 将柠檬酸铋铵和亚硫酸钠另用 50mL 蒸馏水溶解。

3) 将琼脂于 600mL 蒸馏水中煮沸溶解，冷至 80℃。

4) 将以上三液合并，补充蒸馏水至 1000mL，校正 pH，加 0.5%煌绿水溶液 5mL，摇匀。冷至 50～55℃，倾注平皿。

注意：此培养基不需高压灭菌，制备过程不宜过分加热，以免降低其选择性。应在临用前一天制备，贮存于室温暗处。超过 48h 不宜使用。

2. 麦康凯琼脂

(1) 成分　　蛋白胨 20g，猪胆盐（或牛、羊胆盐）5g，氯化钠 5g，琼脂 17g，蒸馏水 1000mL，乳糖 10g，0.01%结晶紫水溶液 10mL，0.5%中性红水溶液 5mL。

(2) 制法

1) 将蛋白胨、胨、胆盐和氯化钠溶解于 400mL 蒸馏水中，校正 pH 为 7.2。将琼脂加入 600mL 加热溶解。将两液合并，分装于烧瓶内，121℃高压灭菌 15min 备用。

2) 临用时加热溶化琼脂，趁热加入乳糖，冷至 50～55℃时，加入结晶紫和中性红水溶液，摇匀后倾注平板。

注意：结晶紫及中性红水溶液配好后须经高压灭菌。

3. 伊红亚甲蓝琼脂（EMB）

(1) 成分　　蛋白胨 10g，乳糖 10g，磷酸氢二钾 2g，琼脂 17g，2%伊红溶液 20mL，0.65%亚甲蓝溶液 10mL，蒸馏水 1000mL，pH 7.1。

(2) 制法　　将蛋白胨、磷酸盐和琼脂溶解于蒸馏水中，校正 pH，分装于烧瓶内，121℃高压灭菌 15min 备用。临用时加入乳糖并加热溶化琼脂，冷至 50～55℃，加入伊红和亚甲蓝溶液，摇匀，倾注平板。

4. 三糖铁琼脂（TSI）

(1) 成分　　蛋白胨 20g，牛肉膏 5g，乳糖 10g，蔗糖 10g，葡萄糖 1g，氯化钠 5g，硫酸亚铁铵 [$Fe(NH_4)_2(SO_4)_2 \cdot 6H_2O$] 0.2g，硫代硫酸钠 0.2g，琼脂 12g，酚红 0.025g，蒸馏水 1000mL，pH 7.4。

(2) 制法　　将除琼脂和酚红以外的各成分溶解于蒸馏水中，校正 pH。加入琼脂，加热煮沸，以溶化琼脂。加入 0.2%酚红水溶液 12.5mL，摇匀。分装试管，装量宜多些，以便得到较高的底层。121℃高压灭菌 15min。放置高层斜面备用。

5. 酪蛋白琼脂

(1) 成分　　酪蛋白 10g，牛肉膏 3g，磷酸氢二钠 2g，氯化钠 5g，琼脂 15g，蒸馏水 1000mL，0.4%溴麝香草酚蓝溶液 12.5mL，pH 7.4。

（2）制法　　将除指示剂外的各成分混合，加热溶解（但酪蛋白不溶解），校正 pH。加入指示剂，分装烧瓶，121℃高压灭菌 15min。临用时加热溶化琼脂，冷至 50℃，倾注平板。

注意：将菌株划线接种于平板上，如沿菌落周围有透明圈形成，即为能水解酪蛋白。

6．马丁氏肉汤

（1）成分　　蛋白胨液 500mL，肉浸液 500mL，冰醋酸 6g，葡萄糖 10g。

（2）制法

1）将蛋白胨液 500mL 与肉浸液 500mL 混合，加热至 80℃，加冰醋酸 1mL，摇匀，再煮沸 5min。

2）加 15%氢氧化钠溶液约 20mL，校正 pH 至 7.2。

3）加乙酸钠 6g，再校正 pH 至 7.2。

4）继续煮沸 10min，用滤纸过滤。在每 1000mL 肉汤内，再加葡萄糖 10g。然后装瓶，每瓶 500mL。放置高压灭菌器内经 121℃灭菌 15min，备用。

蛋白胨液的制备：取新鲜猪胃，去脂绞碎。称取 350g 加 50℃左右蒸馏水 1000mL，充分摇匀。再加盐酸（化学纯，密度 1.19g/cm^3）10mL，经充分混合后，置 56℃温箱中消化 24h（每小时搅拌 1～2 次），消化完毕后，加热，用滤纸过滤，备用。

7．查氏培养基

（1）成分　　硝酸钠 3g，磷酸氢二钾 1g，硫酸镁（MgSO$_4$·7H$_2$O）0.5g，氯化钾 0.5g，硫酸亚铁 0.01g，蔗糖 30g，琼脂 20g，蒸馏水 1000mL。

（2）制法　　加热溶解，分装后 121℃灭菌 20min。

（3）用途　　青霉、曲霉鉴定及保存菌种用。

8．高盐查氏培养基

（1）成分　　硝酸钠 2g，磷酸二氢钾 1g，硫酸镁（MgSO$_4$·7H$_2$O）0.5g，氯化钾 0.5g，硫酸亚铁 0.01g，氯 60g，蔗糖 30g，琼脂 20g，蒸馏水 1000mL。

（2）制法　　加热溶解，分装后，115℃高压灭菌 30min。必要时，可酌量增加琼脂。

（3）用途　　分离霉菌用。

9．马铃薯葡萄糖琼脂（PDA）

（1）成分　　马铃薯（去皮切块）300g，葡萄糖 20g，琼脂 20g，蒸馏水 1000mL。

（2）制法　　将马铃薯去皮切块，加 1000mL 蒸馏水，煮沸 10～20min。用纱布过滤，补加蒸馏水至 1000mL。加入葡萄糖和琼脂，加热溶化，分装，121℃高压灭菌 20min。

（3）用途　分离培养霉菌。

10．马铃薯琼脂

（1）成分　马铃薯（去皮切块）200g，琼脂 20g，蒸馏水 1000mL。

（2）制法　同马铃薯葡萄糖琼脂。

（3）用途　鉴定霉菌用。

11．孟加拉红培养基/马丁氏培养基

（1）成分　蛋白胨 5g，葡萄糖 10g，磷酸二氢钾 1g，硫酸镁（$MgSO_4 \cdot 7H_2O$）0.5g，琼脂 15~20g，1/3000 孟加拉红溶液 100mL，蒸馏水 1000mL，氯霉素 0.1g（KH_2PO_4 1g，$MgSO_4 \cdot 7H_2O$ 0.5g，蛋白胨 5g，葡萄糖 10g，琼脂 15~20g，水 1000mL；此培养液 1000mL 加 1%孟加拉红水溶液 3.3mL，临用时每 100mL 培养基中加 1%链霉素液 0.3mL）。

（2）制法　上述各成分加入蒸馏水中溶解后，再加孟加拉红溶液。另用少量乙醇溶解氯霉素，加入培养基中，分装后，121℃灭菌 20min。

（3）用途　分离霉菌及酵母。

12．玉米醪培养基（用于厌氧菌培养）

（1）成分　玉米粉 65g，蒸馏水 1000mL。

（2）制法　将玉米粉加入蒸馏水中，搅匀，煮 10min 成糊状，121℃灭菌 30min。

13．牛肉膏蛋白胨培养基（用于细菌培养）

成分　牛肉膏 3g，蛋白胨 10g，NaCl 5g，水 1000mL，pH 7.4~7.6。

14．高氏Ⅰ号培养基（用于放线菌培养）

成分　可溶性淀粉 20g，KNO_3 1g，NaCl 0.5g，$K_2HPO_4 \cdot 3H_2O$ 0.5g，$MgSO_4 \cdot 7H_2O$ 0.5g，$FeSO_4 \cdot 7H_2O$ 0.01g，水 1000mL，pH 7.4~7.6（配制时注意，可溶性淀粉要先用冷水调匀后再加入以上培养基中）。

15．麦氏（McClary）培养基（乙酸钠培养基）

（1）成分　葡萄糖 0.1g，KCl 0.18g，酵母膏 0.25g，乙酸钠 0.82g，琼脂 1.5g，蒸馏水 100mL。

（2）制法　溶解后分装试管，115℃湿热灭菌 15min。

16．乳糖蛋白胨半固体培养基（用于水体中大肠杆菌群测定）

（1）成分　蛋白胨 10g，牛肉浸膏 5g，酵母膏 5g，乳糖 10g，琼脂 5g，蒸馏水 1000mL，pH 7.2~7.4。

（2）制法　分装试管（10mL/管），115℃湿热灭菌 20min。

17．乳糖蛋白胨培养液（用于多管发酵法检测水体中大肠杆菌群）

（1）成分　牛肉膏 3g，蛋白胨 10g，乳糖 5g，NaCl 5g，蒸馏水 1000mL，1.6%溴甲酚紫乙醇溶液 1mL，调 pH 至 7.2。

（2）制法　　分装试管（10mL/管），并倒置放入杜氏小管（注意排尽小管内的气泡），115℃湿热灭菌 20min。

18. 三倍浓乳糖蛋白胨培养液（用于水体中大肠杆菌群测定）

将乳糖蛋白胨培养液中各营养液成分以扩大 3 倍加入到 1000mL 水中，制法同上，分装于放有倒置杜氏小管的试管中，每管 5mL，115℃湿热灭菌 20min。

19. BCG 牛乳培养基（用于乳酸发酵）

（A）溶液：脱脂乳粉 100g，水 500mL，加入 1.6%溴甲酚绿（B.C.G）乙醇溶液 1mL，80℃灭菌 20min。

（B）溶液：酵母膏 10g，琼脂 20g，pH 6.8，121℃湿热灭菌 20min。以无菌操作趁热将（A）、（B）溶液混合均匀后倒平板。

20. 乳酸菌培养基（用于乳酸发酵）

（1）成分　　牛肉膏 5g，酵母膏 5g，蛋白胨 10g，葡萄糖 10g，乳糖 5g，NaCl 5g，水 100mL，pH 6.8。

（2）制法　　各成分溶解后，121℃湿热灭菌 20min。

21. 乙醇发酵培养基（用于乙醇发酵）

成分　　蔗糖 10g，$MgSO_4 \cdot 7H_2O$ 0.5g，NH_4NO_3 0.5g，20%豆芽汁 2mL，KH_2PO_4 0.5g，水 100mL，自然 pH。

22. 豆芽汁培养基

成分　　黄豆芽 500g，加水 1000mL，煮沸 1h，过滤后补足水分，121℃湿热灭菌后存放备用，此即为 50%的豆芽汁。

23. LB（Luria-Bertani）培养基（细菌培养，常在分子生物学中应用）

双蒸水 950mL，胰蛋白胨 10g，NaCl 10g，酵母提取物（bacto-yeast extract）5g，用 1mol/L NaOH（约 1mL）调节 pH 至 7.0，加双蒸馏水至总体积为 1L，121℃湿热灭菌 30min。

附录 4　实验室常用染液的配制

一、吕氏（Loeffler）碱性亚甲蓝染液

A 液：亚甲蓝（methylene blue）0.3g；95%乙醇 30mL。
B 液：KOH 0.01g；蒸馏水 100mL。
分别配制 A 液和 B 液，配好后混合即可。

二、齐氏（Ziehl）苯酚品红染液

A 液：碱性品红（basic fuchsin）0.3g；95%乙醇 10mL。

B 液：苯酚 5.0g；蒸馏水 95mL。

1）将碱性品红在研钵中研磨后，逐渐加入 95%乙醇，继续研磨使其溶解，配成 A 液。

2）将苯酚溶解于水中，配成 B 液。

3）混合 A 液及 B 液即成。通常可将此混合液稀释 5~10 倍使用，稀释液易变质失效，一次不宜多配。

三、革兰氏（Gram）染液

1. 草酸铵结晶紫染液

A 液：结晶紫（crystal violet）2g；95%乙醇 20mL。
B 液：草酸铵（ammonium oxalate）0.8g；蒸馏水 80mL。
混合 A、B 两液，静置 48h 后使用。

2. 鲁戈氏（Lugol）碘液

碘片 1.0g、碘化钾 2.0g、蒸馏水 300mL。
先将碘化钾溶解在少量水中，再将碘片溶解在碘化钾溶液中，待碘全溶后，加足水分即成。

3. 95%乙醇溶液

4. 番红复染液

番红（safranine O）2.5g、95%乙醇 100mL。
取上述配好的番红乙醇溶液 10mL 与 80mL 蒸馏水混匀即成。

四、芽孢染液

1. 孔雀绿染液

孔雀绿（malachite green）5g、蒸馏水 100mL。

2. 番红水溶液

番红 0.5g、蒸馏水 100mL。

3. 苯酚品红溶液

碱性品红 11g、无水乙醇 100mL。
取上述溶液 10mL 与 100mL 5%的苯酚溶液混合，过滤备用。

4. 黑色素（nigrosin）溶液

水溶性黑色素 10g、蒸馏水 100mL。
称取 10g 黑色素溶于 100mL 蒸馏水中，置沸水浴中 30min 后，滤纸过滤两次，补加水到 100mL，加 0.5mL 甲醛，备用。

五、荚膜染液

1. 黑色素水溶液

黑色素 5g、蒸馏水 100mL、福尔马林（40%甲醛）0.5mL。

将黑色素在蒸馏水中煮沸 5min，然后加入福尔马林作防腐剂。

2. 番红染液

与革兰氏染液中番红复染液相同。

六、鞭毛染液

A 液：单宁酸 5g、$FeCl_3$ 1.5g、蒸馏水 100mL、甲醛溶液（15%）2.0mL、NaOH（1%）1.0mL。配好后，当日使用，次日效果差，第三日则不宜使用。

B 液：$AgNO_3$ 2g、蒸馏水 100mL。待 $AgNO_3$ 溶解后，取出 10mL 备用，向其余的 90mL $AgNO_3$ 中滴入浓氨水，使之成为很浓厚的悬浮液，再继续滴加 NH_4OH，直到新形成的沉淀又重新刚刚溶解为止。再将备用的 10mL $AgNO_3$ 慢慢滴入，则出现薄雾，但轻轻摇动后，薄雾状沉淀又消失，再滴入 $AgNO_3$，直到摇动后仍呈现轻微而稳定的薄雾状沉淀为止。如所呈雾不重，此染剂可使用一周，如雾重，则银盐沉淀出，不宜使用。

七、Leifson 氏鞭毛染液

A．20%鞣酸（单宁酸）2mL。

B．20%钾明矾 2mL（可加热促其溶解）。

C．苯酚：水＝1：(20～30) 2mL。

D．碱性品红乙醇饱和液 1.5mL（4g 碱性品红溶解在 100mL 95%的乙醇中，溶时用玛瑙研钵研细）。

上述 4 种溶液分别配好后，各按比例取一定数量按下列秩序混合：B 加在 A 中，C 加在 A、B 混合液中，D 加在 A、B、C 混合液中混合后，马上过滤 15～20 次（也可用蔡氏细菌过滤器夹 8～12 层滤纸和一块细菌过滤纸抽滤）。

八、富尔根氏核染液

1. 席夫氏（Schiff）试剂

将 1g 碱性品红加入 200mL 煮沸的蒸馏水中，振荡 5min，冷至 50℃左右过滤，再加入 1mol/L HCl 20mL，摇匀。冷至 25℃时，加 $Na_2S_2O_5$（偏重亚硫酸钠）3g，摇匀后装在棕色瓶中，用黑纸包好，放置暗处过夜，此时试剂应为淡黄色（如为粉红色则不能用），再加中性活性炭过滤，滤液振荡 1min 后，再过滤，将此滤液置冷暗处备用（**注意**：过滤需在避光条件下进行）。

在整个操作过程中所用的一切器皿都需十分洁净、干燥,以消除还原性物质。

2. Schandium 固定液

A 液:饱和氯化汞水溶液,50mL 氯化汞水溶液加 95%乙醇 25mL 混合即得。

B 液:冰醋酸。

取 A 液 9mL+B 液 1mL,混匀后加热至 60℃。

3. 亚硫酸水溶液

10%偏重亚硫酸钠水溶液 5mL,1mol/L HCl 5mL,加蒸馏水 100mL 混合即得。

九、Bouin 氏固定液

苦味酸饱和水溶液 75mL、甲醛溶液(40%)25mL、冰醋酸 5mL,1g 苦味酸可制成 75mL 饱和水溶液。先将苦味酸溶解成水溶液,然后再加入甲醛溶液和冰醋酸摇匀即成。

十、乳酸苯酚棉蓝染液

苯酚 10g、乳酸(密度 1.21g/cm^3)10mL、甘油 20mL、蒸馏水 10mL、棉蓝(cotton blue)0.02g。

将苯酚加在蒸馏水中加热溶解,然后加入乳酸和甘油,最后加入棉蓝,使其溶解即成。

十一、瑞氏(Wright)染液

瑞氏染料粉末 0.3g、甘油 3mL、甲醇 97mL。将染料粉末置于干燥的乳钵内研磨,先加甘油,后加甲醇,放玻璃瓶中过夜,过滤即可。

附录 5 常用试剂、消毒剂和缓冲液的配制

一、常用试剂

1. 3%酸性乙醇溶液

浓盐酸 3.0mL,95%乙醇 97.0mL。

2. 中性红指示剂

中性红 0.04g,95%乙醇 28.0mL,蒸馏水 72.0mL。

中性红指示剂的 pH 为 6.8~8,颜色会由红变黄,它的常用浓度为 0.04%。

3. 淀粉水解试验用碘液(鲁戈氏碘液)

配法见"鲁戈氏碘液"。

4. 溴甲酚紫指示剂

溴甲酚紫 0.04g，0.01mol/L NaOH 7.4mL，蒸馏水 92.6mL。

溴甲酚紫指示剂的 pH 为 5.2～5.6，颜色会由黄变紫，其的常用浓度为 0.04%。

5. 溴麝香草酚蓝指示剂

溴麝香草酚蓝 0.04g，0.01mol/L NaOH 6.4mL，蒸馏水 93.6mL。

溴麝香草酚蓝指示剂的 pH 为 6.0～7.6，颜色会由黄变蓝，其的常用浓度为 0.04%。

6. 甲基红试剂

甲基红（methyl red）0.04g，95%乙醇 60.0mL，蒸馏水 40.0mL。

先将甲基红溶于 95%的乙醇中，然后加入蒸馏水即可。

7. V. P. 试剂

1）5% α-萘酚无水乙醇溶液：α-萘酚 5.0g，无水乙醇 100.0mL。

2）40% KOH 溶液：KOH 40.0g，蒸馏水 100.0mL。

8. 吲哚试剂

对二甲基氨基苯甲醛 2.0g，95%乙醇 190.0mL，浓盐酸 40.0mL。

9. 格里斯试剂

A 液：对氨基苯磺酸 0.5g，稀乙酸（10%）150.0mL。

B 液：α-萘胺 0.1g，稀乙酸（10%）150.0mL，蒸馏水 20.0mL。

A、B 液混匀后，保存于棕色瓶中。

10. 二苯胺试剂

二苯胺 0.5g 溶于 100mL 的浓硫酸中，用 20.0mL 蒸馏水稀释后将其保存在棕色瓶中。

11. 标准苯酚溶液（含酚污水降解菌降解苯酚能力测定用）

（1）酚标准贮备液　　精确称取精制酚 1g 溶于无酚蒸馏水中，稀释定容至 1000mL，贮于棕色瓶中，放置冷暗处保存。此液 1mL 相当于 1mg 酚，因为在保存中酚的浓度易改变，故需用下述方法标定其浓度。

吸取 20mL 酚标贮备液于 250mL 碘量瓶中，加无酚蒸馏水稀释至 100mL。加 20mL 0.1mol/L 溴酸钾-溴化钾溶液及 7mL 浓硫酸，混合均匀，10min 后加入 1g 碘化钾晶体，放置 5min 后，用 0.1mol/L 硫代硫酸钠溶液滴定至浅黄色，加入 1% 淀粉指示剂 1mL，滴定至溶液蓝色消失为止。同时做空白试验（即用无酚蒸馏水代替酚标准贮备液，其他相同），分别记录用量。

$$贮备液含酚（mg/mL）=(V_1-V_2) N/V \times 15.68$$

式中，V_1、V_2 分别为滴定空白和酚贮备液时所用的硫代硫酸钠标准液量（mL）；15.68 为苯酚的物质的量浓度；N 为 $Na_2S_2O_3$ 标准液的物质的量浓度；V 为酚贮备液量。

（2）酚标准使用液　　吸取酚贮备液 10.00mL，用无酚蒸馏水稀释定容至 1000mL，则 1mL=0.01mg 酚，再吸取此液 10.00mL，用无酚蒸馏水稀释至 100mL，则 1mL＝0.001mg 酚。此溶液临用时配制。

（3）无酚蒸馏水的制备方法　　测酚所用的蒸馏水，必须不含酚和氯。在普通蒸馏水中，以 10～20mg/L 的比例加入粉末状活性炭，充分振摇后，用定性滤纸过滤即可。

12．2% 4-氨基安替比林溶液

称取 2g 4-氨基安替比林，溶于蒸馏水中，用蒸馏水定容至 100mL，贮存于棕色瓶中，此液只能保存 1 周，最好临时配制。

13．20%氨性氯化铵缓冲液（pH 9.8）

称取 20g 氯化铵（NH_4Cl，AR），溶解于浓氨水（NH_4OH）中，用浓氨水定容至 100mL，此液 pH 9.8，贮存于具有橡皮塞的瓶中，在冰箱内保存备用。

14．0.1mol/L 溴酸钾-溴化钾溶液

称取 2.784g 干燥的溴酸钾（$KBrO_3$，AR）及 10g 溴化钾（KBr，AR）溶于蒸馏水中，并定容至 1000mL。

15．0.1mol/L 硫代硫酸钠溶液

（1）配制　　溶解 25g 硫代硫酸钠在 500mL 新煮沸并冷却的水中，加 0.11g 碳酸钠，用新煮沸并冷却的水稀释至 1L，静置 24h，溶液贮存在密闭的玻璃瓶中。

（2）标定　　淀粉指示液（10g/L）：称取 0.21g±0.01g 经 120℃干燥 4h 的基准重铬酸钾到 250mL 具玻璃塞的锥形瓶中，加 100mL 水溶解，拿去塞子，快速加入 3g 碘化钾，2g 碳酸氢钠和 5mL 盐酸，立即塞好塞子，充分混匀，在暗处静置 10min。用水洗涤塞子和锥形瓶壁，用硫代硫酸钠溶液滴定至溶液呈黄绿色。加 2mL 淀粉指示液，继续滴定至蓝色消失，出现亮绿色为止。

1）1g 可溶性淀粉与 5mg 红色碘化汞混合，并用足够冷的水调成稀薄的糊状，在不断搅拌下，慢慢注入 100mL 沸水中，煮沸混合物，充分搅拌至稀薄透明的流动形式，冷却后使用。

2）将 1g 可溶性淀粉与 5mL 水制成糊状，搅拌下将糊状物加入 100mL 水中，煮沸几分钟后冷却，使用期限两周。溶液中加入几滴甲醛溶液，使用期限可延长数月。

（3）计算　　硫代硫酸钠标准滴定溶液浓度按下式计算：
$$c(Na_2S_2O_3) = m/0.04903 \times V$$

式中，$c(Na_2S_2O_3)$ 为硫代硫酸钠标准滴定溶液的物质的量浓度（mol/L）；m 为重铬酸钾质量（g）；V 为滴定用去硫代硫酸钠溶液实际体积（mL）；0.04903 为与 1.00mL 硫代硫酸钠标准滴定溶液 [$c(Na_2S_2O_3)$＝1mol/L] 相当的以克表示的重铬酸钾的质量。

（4）精密度　　做 5 次平行测定，取平行测定的算术平均值为测定结果；5 次平行测定的极差，应小于 0.0004mol/L。

（5）稳定性　滴定溶液每月重新标定一次。

16．1%淀粉溶液

称取可溶性淀粉 1g，先用少量蒸馏水调成糊状，倾入煮沸的蒸馏水中，定容至 100mL。

17．8%铁氯化钾溶液

称取 8g 铁氯化钾（AR），溶于蒸馏水中，稀释定容至 100mL。贮存于棕色瓶中，此液只能保存一周。临用时配制。

18．费林试剂甲液（还原糖测定试剂）

精确称取 $CuSO_4 \cdot 5H_2O$ 15g，次甲基蓝 0.05g，用蒸馏水溶解后，于 500mL 容量瓶中加蒸馏水定容。

19．中性甲醇溶液（氨基氮测定用）

量取甲醇溶液 50mL，加 0.5%酚酞溶液约 3mL，滴加 0.100mol/L NaOH 溶液，使甲醇溶液呈微粉红色即可。临用前进行配制。

20．费林试剂乙液（还原糖测定试剂）

精确称取 NaOH 54g，酒石酸钾钠 50g，亚铁氯化钾 4g，用蒸馏水溶解后，于 500mL 容量瓶中加蒸馏水定容。

21．0.2%柠檬酸钠溶液（清除细菌表面噬菌体用）

称取柠檬酸钠（$Na_3C_6H_3O_7 \cdot 11H_2O$）0.2g，溶于蒸馏水中，定容至 100mL，0.1MPa 灭菌 20min，4℃贮存。

22．0.5%mol/L 硫代硫酸钠溶液（浸泡沾染过 NTG 的玻璃器皿）

称取 124g 硫代硫酸钠（$Na_2S_2O_3 \cdot 5H_2O$），溶于蒸馏水中，定容至 1000mL，贮存于棕色瓶中，保存备用。

23．pUC18 溶液（20ng/μL）

pUC18 标准溶液为 0.5~1.0μg/μL，取 pUC18 标准液（1.0μg/μL）用无菌蒸馏水稀释至 20ng/μL。

24．X-gal

X-gal 为 5-溴-4-氯-3-吲哚-β-D-半乳糖。用二甲基甲酰胺溶解 X-gal 配制成 20mg/mL 的贮存液，保存于一玻璃或聚丙烯管中，装有 X-gal 溶液的试管须用铝箔封好，以防因受光照而被破坏，并应贮存于-20℃。X-gal 溶液无需过滤除菌。

25．IPTG

IPTG 为异丙基硫代-β-L 半乳糖苷（相对分子质量为 238.3），在 8mL 蒸馏水中溶解 2g IPTG，用蒸馏水定至 10mL，用 0.22μm 滤器过滤除菌，分装成 5mL 小份，贮存于-20℃。

26．EB（10mg/mL）

EB 为溴化乙锭。在 100mL 水中加入 1g 溴化乙锭，磁力搅拌数小时以确保其溶解，然后用铝箔包裹容器或转至棕色瓶中，室温保存（**注意**：由于溴化乙锭是强诱变剂，并有中度毒性，使用含有这种染料的溶液时务必戴上手套，称量染料时要戴面具）。

二、抗生素溶液

1．链霉素溶液（10 000U/mL）

标准链霉素制品为 10 000 000U/瓶，先准备好 100mL 无菌水或 NS，在无菌条件下用无菌移液管吸取 0.5mL 无菌水加入链霉素标准制品瓶中，待链霉素溶解后取出加至另一无菌锥形瓶中，如上操作反复用无菌水洗链霉素标准制品瓶 5 次，最后，将所剩余无菌水全部转移至链霉素溶液中为止，此链霉素溶液为 10 000U/mL。1mL 分装，－20℃保存。

2．氨苄西林溶液（8mg/mL 和 25mg/mL）

称取氨苄西林（医用粉剂）8mg 和 25mg，分别溶于 1mL 无菌蒸馏水中，临用时配制。或临用时再经滤膜滤器过滤除菌。

3．两性霉素 B 配制（25μg/mL）

两性霉素 B 2.5mg，三蒸水 100mL，过滤除菌，1mL 分装，－20℃保存。

4．标准多黏菌素 E 溶液

标准多黏菌素 E 制品为 1mg 约有 18 000 单位。精确称取多黏菌素 E 标准品 55.56mg，用无菌 1/15mol/L pH 6.0 磷酸缓冲溶液解定容至 100mL，即配制成 10 000U/mL 的多黏菌素 E 标准母液，在 4℃下保存备用。

将 10 000U/mL 多黏菌素 E 母液用无菌 1/15mol/L pH 6.0 的磷酸缓冲溶液稀释成 600U/mL、800U/mL、1000U/mL、1200U/mL、1400U/mL。用滤膜滤器过滤除菌，贮存于无菌试管或无菌锥形瓶中，最好临用前配制。

5．土霉素溶液（8mg/mL）

称取土霉素（医用粉剂）8mg，溶于 1mL 无菌蒸馏水中，临用时配制。

6．丝裂霉素 C 母液（0.3mg/mL）

称取 3mg 丝裂霉素 C，溶于 10mL 无菌蒸馏水中，制成 0.3mg/mL 丝裂霉素 C 母液；诱导溶源性细菌释放噬菌体时，每 20mL 细菌培养物中加 0.2mL 丝裂霉素 C 母液，使终浓度为 3μg/mL。

三、常用缓冲液

1．磷酸缓冲液的配制

甲液：0.2mol/L $NaH_2PO_4 \cdot H_2O$（磷酸二氢钠）。1000mL 中含 27.6g $NaH_2PO_4 \cdot H_2O$。

乙液：0.2mol/L $Na_2HPO_4 \cdot 2H_2O$（磷酸氢二钠）。1000mL 中含 35.61g

Na$_2$HPO$_4 \cdot$ 2H$_2$O。

根据要求的 pH，按附表 5-1 所示，吸取甲液和乙液，混匀即得。

附表 5-1　磷酸缓冲液的配制

pH	甲液 x/mL	乙液 y/mL	pH	甲液 x/mL	乙液 y/mL
5.7	93.5	6.5	6.9	45.0	55.0
5.8	92.0	8.0	7.0	39.0	61.0
5.9	90.0	10.0	7.1	33.0	67.0
6.0	87.8	12.3	7.2	28.0	72.0
6.1	85.0	15.0	7.3	23.0	77.0
6.2	81.5	18.5	7.4	19.0	81.0
6.3	77.5	22.5	7.5	16.0	84.0
6.4	73.5	26.5	7.6	13.0	87.0
6.5	68.5	31.5	7.7	10.5	89.5
6.6	62.5	37.5	7.8	8.5	91.5
6.7	56.5	43.5	7.9	7.0	93.0
6.8	51.0	49.0	8.0	5.3	94.7

2．乙酸缓冲液的配制

甲液：0.2mol/L 乙酸。12mL 冰醋酸用蒸馏水稀释到 1000mL。

乙液：0.2mol/L 乙酸钠。1000mL 中含 27.22g NaAc $\cdot$ 3H$_2$O。

根据要求的 pH，按附表 5-2 所示，吸取甲液和乙液，混匀即得。

附表 5-2　乙酸缓冲液的配制

pH	甲液 x/mL	乙液 y/mL	pH	甲液 x/mL	乙液 y/mL
3.6	46.3	3.7	4.8	20.0	30.0
3.8	44.0	6.0	5.0	14.8	35.2
4.0	41.0	9.0	5.2	10.5	39.5
4.2	36.8	13.2	5.4	8.8	41.2
4.4	30.5	19.5	5.6	4.8	45.2
4.6	25.5	24.5			

3. 柠檬酸盐-磷酸缓冲液的配制

甲液：0.1mol/L 柠檬酸溶液。1000mL 中含 21.01g $C_6H_8O_7 \cdot H_2O$。
乙液：0.2mol/L 磷酸氢二钠溶液。1000mL 中含 53.61g $Na_2HPO_4 \cdot 7H_2O$。
根据要求的 pH，按附表 5-3 所示，吸取甲液和乙液，混匀即得。

附表 5-3　柠檬酸盐-磷酸缓冲液的配制

pH	甲液 x/mL	乙液 y/mL	pH	甲液 x/mL	乙液 y/mL
2.6	44.6	5.4	5.0	24.3	25.7
2.8	42.2	7.8	5.2	23.3	26.7
3.0	39.8	10.2	5.4	22.2	27.8
3.2	37.7	12.3	5.6	21.0	29.0
3.4	35.9	14.1	5.8	19.7	30.3
3.6	33.9	16.1	6.0	17.9	32.1
3.8	32.3	17.7	6.2	16.9	33.1
4.0	30.7	19.3	6.4	15.4	34.6
4.2	29.4	20.6	6.6	13.6	36.4
4.4	27.8	22.2	6.8	9.1	40.9
4.6	26.7	23.3	7.0	6.5	43.5
4.6	25.2	24.8			

4. 1mol/L Tris 缓冲液

将 121.1g Tris（三羟甲基氨基甲烷，生化试剂，相对分子质量 121.1）溶于 800mL 重蒸水中，并加浓 HCl（分析纯，相对分子质量 36.46），调 pH 至所需值（附表 5-4）。

附表 5-4　Tris 缓冲液

所需 pH	浓 HCl
7.4	70mL
7.6	60mL
8.0	40mL

使溶液冷却至室温，对 pH 做最后的调节。将溶液体积调整到 1L。小份分装，高压灭菌，室温保存。

Tris 缓冲液的 pH 随温度而变化，所以配制缓冲液时，必须考虑反应温度。

5. 0.5mol/L EDTA pH 8.0 缓冲液

取 186.1g EDTA-Na_2（乙二胺四乙酸钠盐·H_2O，分析纯，相对分子质量 372.24），先用 70mL 重蒸水加 7mL 10mol/L NaOH 溶液，加热搅拌溶解后，再用

10mol/L NaOH 溶液调至 pH 8.0，加重蒸水至 100mL。高压灭菌，室温保存。

6. TE 缓冲液

pH 7.4：10mmol/L Tris-HCl（pH 7.4），1mmol/L EDTA（pH 8.0）。

pH 7.6：10mmol/L Tris-HCl（pH 7.6），1mmol/L EDTA（pH 8.0）。

pH 8.0：10mmol/L Tris-HCl（pH 8.0），1mmol/L EDTA（pH 8.0）。

7. TBS（0.05mol/L pH 7.6 Tris-HCl）

将 NaCl 8.0g，KCl 0.2g，Tris 3.0g 溶解于 800mL 蒸馏水中，用浓盐酸调 pH 至 7.6，补充蒸馏水至 1L，分装，高压灭菌，室温保存。

8. 1mmol/L pH 4.4 乙酸钠缓冲液

0.2mol/L NaAc（1.361g/50mL）3.7mL，0.2mol/L HAc（0.601mL/50mL）6.3mL，加蒸馏水至 2000mL。

9. 碳酸盐缓冲液（CBS）

0.2mol/L pH 9.5 CBS：Na_2CO_3 0.32g，$NaHCO_3$ 0.586g，加蒸馏水至 50mL。若再用蒸馏水做 20 倍稀释，即成 0.01mol/L pH 9.5 的碳酸盐缓冲液。

0.05mol/L pH 9.5 CBS：Na_2CO_3 1.59g，$NaHCO_3$ 2.94g，加蒸馏水至 1000mL。

1mol/L pH 9.5 CBS：Na_2CO_3 1.5g，$NaHCO_3$ 294g 加蒸馏水至 50mL（取 1mol/L 碳酸钠 3mL 与 1mol/L 碳酸氢钠 7mL 混合）。

0.025mol/L pH 9.0 CBS：Na_2CO_3 0.16g，$NaHCO_3$ 2.1g，加蒸馏水至 1000mL。

0.5mol/L pH 9.0 CBS：Na_2CO_3 0.6g，$NaHCO_3$ 3.7g，加蒸馏水至 100mL。

10. 常用调 pH 溶液

$NaHCO_3$ 溶液：常用浓度有 7.5%、5.5%、3.5% 3 种。用双蒸水配制，无菌过滤除菌，小量分装。或 110℃灭菌 10min，分装。置 4℃保存。

0.1mol/L NaOH 及 0.1mol/L HCl。

四、常用消毒剂及洗液

1. 0.1%氯化汞水溶液（剧毒）

氯化汞 1.0g，盐酸 2.5mL，水 997.5mL。

2. 10%漂白粉溶液

漂白粉 10g，水 90mL。

3. 5%甲醛溶液

甲醛原液（40%）100mL，水 700mL。

4. 5%苯酚溶液

苯酚 5g，水 95mL。

5. 75%乙醇

95%乙醇 75mL，水 25mL。

6. 来苏水

1%~2%水溶液用于手和皮肤消毒；3%~5%溶液用于器械、用具消毒，接种室消毒；5%~10%溶液用于排泄物消毒。

7. 0.25%新洁尔灭

5%新洁尔灭 5.0mL，水 95.0mL。

8. 0.1%高锰酸钾溶液

高锰酸钾 1.0g，水 1000mL。

9. 3%过氧化氢（双氧水）

30%过氧化氢原液 100mL，水 900mL。

10. 3%碘酊

碘 3g，碘化钾 1.5g，95%乙醇 100mL。

11. 8%甲醛溶液

市售甲醛为 36%浓度。取 36%甲醛 22mL，加蒸馏水 78mL，即得 8%甲醛溶液 100mL。

12. 铬酸洗液

由重铬酸钾与硫酸组成，洗液氧化力强，是实验室最常用的强氧化洗液。洗液配方较多，可自行选择（附表 5-5）。洗液有腐蚀性，操作时要特别注意防护。容器为耐酸的有盖塑料、玻璃或陶器制品。

附表 5-5　铬酸洗液配方

重铬酸钾/g	自来水/mL	浓硫酸/mL	氧化去污能力
63	50	1000	高强度
60	300	460	中强度
80	1000	100	低强度

（1）配制方法　一定要把浓硫酸加到水里，不能把水加入浓硫酸。将重铬酸钠或重铬酸钾先溶解于蒸馏水中，使之自然溶解或水浴溶解，然后慢慢加入浓硫酸，边加边搅拌，见发热过剧则稍停，冷却后再继续加。操作时要穿橡皮围裙、长筒胶靴、戴上眼镜和厚胶皮手套，以保安全。配制好的洗液呈深橙红色，经长期使用后若变绿。配好后的洗涤液应是棕红色或橘红色。贮存于规定容器内。洗液一旦变绿，表明已失效，铬酸失去氧化能力，不宜再用。

（2）注意事项

1）洗涤液中的硫酸具有强腐蚀作用，玻璃器皿浸泡时间太长，会使玻璃变质，因此切忌到时忘记将器皿取出冲洗。另外，洗涤液若沾污衣服和皮肤应立即用水洗，再用苏打水或氨液洗。如果溅在桌椅上，应立即用水洗去或湿布抹去。

2）玻璃器皿投入前，应尽量干燥，避免洗涤液稀释。
3）此液的使用仅限于玻璃和瓷质器皿，不适用于金属和塑料器皿。
4）有大量有机质的器皿应先行擦洗，然后再用洗涤液，这是因为有机质过多，会加快洗涤液失效，此外，洗涤液虽为很强的去污剂，但也不是所有的污迹都可清除。
5）盛洗涤液的容器应始终加盖，以防氧化变质。
6）洗涤液可反复使用，但当其变为墨绿色时即已失效，不能再用。

13. 强碱洗液

5%～10%的 NaOH 溶液（或 Na_2CO_3、Na_3PO_4 溶液），常用以浸洗除去普通油污，通常需要用热的溶液。

附录 6　教学常用菌种名称

Aspergillus	曲霉属
Aspergillus niger	黑曲霉
Aspergillus flavus	黄曲霉
Aspergillus parasiticus	寄生曲霉
Alcaligenes faecalis	粪产碱杆菌
Azotobacter chroococcum	褐球固氮菌
Bacillus cereus	蜡状芽孢杆菌
Bacillus mycoides	蕈状芽孢杆菌
Bacillus subtilis	枯草芽孢杆菌
Bacillus sphaericus	球形芽孢杆菌
Bacillus stearothermophilus	嗜热脂肪芽孢杆菌
Bacillus thuringiensis	苏云金芽孢杆菌
Candida albicans	百假丝酵母
Clostridium butyricum	丁酸梭菌
Corynebacterium xerosis	干燥棒杆菌
Escherichia coli	大肠杆菌
Enterobacter aerogenes	产气肠杆菌
Geotridium candidum	白地菌
Halobacterium salinarium	盐沼盐杆菌
Halobacterium halobium	盐生盐杆菌
Influenza A virus	甲型流感病毒
Lactobacillus bulgaricus	保加利亚乳杆菌

Micrococcus luteus	藤黄微球菌
Mucor sp.	毛霉
Mycobacterium phlei	草分枝杆菌
Newcastle disease virus	鸡新城疫病毒
Penicillium sp.	青霉
Penicillium chrysogenum	产黄青霉
Penicillium griseofulvum	灰棕黄青霉
Pleurotus ostreatus	侧耳（平菇）
Proteus vulgaris	普通变形杆菌
Pseudomonas sp.	假单胞菌
Pseudomonas aeruginosa	铜绿假单胞菌
Pseudomonas savastanoi	萨氏假单胞菌
Rhizopus sp.	根霉
Saccharomyces carlsbergensis	卡尔酵母（啤酒酵母）
Saccharomyces cerevisiae	酿酒酵母
Serratia marcescens	黏质沙雷氏菌
Staphylococcus albus	白色葡萄球菌
Staphylococcus aureus	金黄色葡萄球菌
Streptomyces fradiae	弗氏链霉菌
Streptomyces glauca	青色链霉菌
Streptomyces griseus	灰色链霉菌
Streptomyces microflavus（5406）	细黄链霉菌（5406放线菌）